重庆市职业教育学会规划教材 / 职业教育传媒艺术类专业新形态教材

居住空间设计模块化教程

JUZHU KONGJIAN SHEJI MOKUAIHUA JIAOCHENG

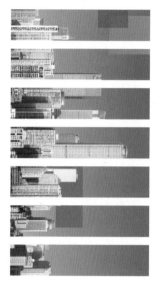

主　编　**姚雪儒　戴禹**

副主编　**赵梅思　廖钦　魏汉思**

重庆大学出版社

国家一级出版社

全国百佳图书出版单位

图书在版编目（CIP）数据

居住空间设计模块化教程 / 姚雪儒, 戴禹主编. --重庆：重庆大学出版社，2023.1
职业教育传媒艺术类专业新形态教材
ISBN 978-7-5689-3561-6

Ⅰ.①居… Ⅱ.①姚…②戴… Ⅲ.①住宅—室内装饰设计—职业教育—教材 Ⅳ.①TU241

中国版本图书馆CIP数据核字（2022）第242048号

重庆市职业教育学会规划教材
职业教育传媒艺术类专业新形态教材

居住空间设计模块化教程
JUZHU KONGJIAN SHEJI MOKUAIHUA JIAOCHENG

主　　编：姚雪儒　戴　禹
策划编辑：席远航　周　晓　蹇　佳
责任编辑：席远航　　　装帧设计：品木文化
责任校对：谢　芳　责任印制：赵　晟

. . . .

重庆大学出版社出版发行
出版人：饶帮华
社　　址：重庆市沙坪坝区大学城西路21号
邮　　编：401331
电　　话：（023）88617190　88617185（中小学）
传　　真：（023）88617186　88617166
网　　址：http://www.cqup.com.cn
邮　　箱：fxk@cqup.com.cn（营销中心）
全国新华书店经销
印刷：重庆俊蒲印务有限公司

. . . .

开本：787mm×1092mm　1/16　印张：9.5　字数：182千
2023年1月第1版　　2023年1月第1次印刷
ISBN 978-7-5689-3561-6　定价：48.00元

. . . .

前 言
FOREWORD

　　本书适合高职室内艺术设计专业、环境艺术设计专业学生以及居住空间设计爱好者学习使用。通过对本教材的学习，读者可以快速掌握居住空间设计的基本操作流程。本书以工作任务为引领，突出工作过程的导向作用，贴合以职业技能为核心，立足工学结合的模块化教学方法，简明扼要地介绍完成每项工作任务所需的相关知识，以及实际操作应采用的具体程序和步骤，培养学生活学现用和自主创新的能力。教材编写以习近平总书记在全国教育大会上的讲话为指导，内容的选取以必需、够用、理论联系实际为宗旨，文中的模块均是本专业领域生产一线的知识整合，突出本门课程内容的专业针对性和应用性。教材结合居住空间设计的岗位需求、全国职业院校技能大赛"建筑装饰技术应用"赛项要求、1+X室内设计职业技能等级证书考证来展开，并将思政要点"建立以人为本的设计理念、精益求精的工匠精神、中国传统文化遗产的传承与创新、职业道德与素养"等内容与专业知识点相结合。教程将居住空间设计知识进行整合，以模块化与工作任务相结合的方式展开编写。本书配有短视频、图片等课程资源，以二维码链接于书中，便于学习者直接扫码观看学习，方便线上线下相结合展开教学。

　　本书在与"重庆汇傲室内设计有限公司"校企合作下，由企业一线设计人员直接参与教材的编写与讨论。本书整体分为设计前期、概念设计、方案设计、施工图设计，共4大模块18个典型工作任务。以"任务"为基点，从提出问题到解决问题，将知识传授与能力培养融为一体，学生不仅能够掌握居住空间设计的基本原理，并能自己动手完成设计图纸的绘制，掌握相关设计的施工工艺。

　　本教材由重庆工业职业技术学院教师姚雪儒、戴禹、赵梅思、廖钦主要编写，重庆汇傲室内设计有限公司总监设计师魏汉思等参与编写完成，分工如下：姚雪儒老师主要完成模块一中的任务一：现场观察与测量；任务二：客户沟通；任务三：建筑平面图绘制；模块二中的任务一：空间规划布局；任务二：空间平面布置；模块三中任务一：玄关设计；任务二：客厅设计；任务三：餐厅设计等内容；戴禹老师主要完成模块四中的任务二：天花大样绘制；任务三：门套与窗套详图绘制；任务四：踢脚线与过门石详图绘制；赵梅思老师主要完成模块二中的任务三：空间风格与色彩搭配；模块三中的任务四：卧室设计；任务五：厨房设计；任务六：卫生间设计；廖钦老师主要完成了模块三中的任务七：多功能房设计；任务八：阳台设计；模块四中的任务一：装饰墙面详图绘制；其中，企业老师魏汉思参与了教材前期的模块搭建以及典型任务设置，并为本教材提供了大量的案例资料。整本教材由姚雪儒负责完成最后的统编。

　　本教材的编写工作得到了相关领导和老师的大力支持，在此表示感谢！

姚雪儒

2022年2月

目 录
CONTENTS

模块四　施工图设计

模块一 ｜ 设计前期

任务描述

借助手机、相机、卷尺、纸、笔等工具对居住空间进行现场观察与测量；运用专业的沟通技巧与客户进行前期沟通；运用多种方式进行资料的收集与查阅；运用 CAD 软件绘制建筑平面图。本模块是基于室内设计师岗位设置中要求对居住空间设计前期进行现场观察、现场测量、与客户沟通、建筑原始户型图绘制而展开的。

学习目标

能借助相机、手机等辅助工具对室内空间进行拍照记录并对细节进行文字记录，在观察过程中，能有整体与局部的哲学观；

能熟练运用卷尺、靠尺等工具对房屋进行正确的测量并用专业的方式进行数据记录，在测量过程中，能体现出精益求精的"工匠精神"。

能熟练运用专业的沟通技巧与客户展开交流与沟通，在沟通过程中能体现以人为本的科学发展观。

能熟练地运用 CAD 软件对建筑原始框架图进行专业绘制，在绘图过程中能体现一丝不苟的严谨态度。

任务一 现场观察与测量

任务描述

借助手机、相机等辅助工具以及大脑的记忆力和空间想象力对室内空间展开观察与记录；运用卷尺、测距仪、纸、双色笔等工具对室内空间展开测量，完成居住空间原始结构图的徒手绘制。本任务是基于室内设计师岗位设置中要求对居住空间设计前期进行现场观察与测量而展开的。

知识目标

能借助相机、手机等辅助工具对室内空间进行拍照记录；

能运用简短文字对室内空间的细节进行记录；

能熟练运用卷尺、测距仪等工具对房屋进行正确的测量；

能运用纸、笔对测量的室内空间进行正确的徒手绘制。

知识要点

设计师进行室内设计前，需要对空间进行现场观察和测量。如果没有对施工现场进行观察和测量，就不可能画出准确的图纸。通常购买新房的业主能向设计者提供原始平面图，但所提供的原始平面图一般没有详细尺寸，而一些二手房主很少能提供原有的结构图，需要去现场进行勘查和测量绘制。

一、现场观察

1.室内空间观察

初步观察。在对室内空间进行观察时，要立刻在脑海里构筑一个相同的空间，以后就要在这个想象的空间里进行设计，这就要求设计师拥有很好的记忆力和空间想象力，也可借助相机、手机等拍照或录像对空间进行记忆。

深入观察。在进行空间观察时，要特别注意各功能区之间的关系、功能区之间过渡是否自然。以下几点需要特别注意：玄关与起居室的过渡是否合理；餐厅应该如何合理设置；厨房、卫生间的位置及房门的朝向；过道是否过长、太阴暗，等等（图 1-1-1、图 1-1-2）。

2.建筑周围环境观察

通常家居所在建筑物的周围环境对家居设计会有很大的影响，设计者要注意观察窗外的风景对室内的影响，比如，哪个窗户能看到花园，哪个窗户对着江河，哪个窗户能看到远山；或者哪个房间会被前面的建筑物挡住而光线差，哪个窗户能被对面建筑的人看见，哪个房间当西晒；哪个房间邻近道路，等等（图1-1-3、1-1-4）。

3.室内承重结构观察

业主提供的原始平面图所示的实心墙体和柱子部分就是承重结构。当然，天花上的梁也是承重结构，一般不在平面图中进行绘制，如需绘制，用虚线表示。设计者在进行室内设计时，绝对不能破坏原承重结构，非承重墙体可以适当地拆除或移位（图1-1-5）。

图1-1-1 卧室采光

图1-1-2 采光不好的过道

图1-1-3 建筑周边环境

图1-1-4 建筑周边环境

图1-1-5 室内承重结构

二、现场测量

业主向设计者提供的建筑平面图在尺寸上和实际空间上都是有出入的，甚至有些空间的尺寸与建筑平面图完全不吻合，实际尺寸小于住宅开发商所给的建筑平面图，这就需要设计者对空间进行详细的测量，绘制精确的平面框架图，以免造成设计失误，甚至造成施工浪费。

1.具体空间尺寸校对测量

对每个功能区的各面进行测量时，要特别注意玄关、过道、飘窗深度、阳台等的尺寸。如果某些空间是有角度的，还需要测量出角度。

测量具体空间的长、宽、高；门洞的宽、高、门洞墙体的厚度以及门洞的定位尺寸。如图1-1-6中，A、B、C分别为空间的长、宽、高；E为门洞的宽，D为门洞的高，F为门洞墙体的厚度，G、I、H分别为门洞的定位尺寸。图1-1-7中，K、J代表垭口的尺寸。

2.细节尺寸测量

A. 窗户的宽度和高度以及离墙距离的测量。图1-1-8中，M、L、N分别代表窗洞的宽、高和厚。

B. 管道外包墙体的尺寸、裸露的管道尺寸的测量（图1-1-9）。

C. 厨房油烟管道和煤气管道的位置和尺寸的测量（图1-1-10）。

D. 卫生间下水管和排污口的位置和尺寸的测量（图1-1-11）。

3.层高和梁的测量

初学者往往忽略层高，特别是梁的尺寸。标准家居套型的净高一般为2.75~2.80米。梁的尺寸是室内设计中尤为重要的部分，梁所处的位置直接影响到平面的布局、吊顶的装饰结构和立面的装饰处理。在测量中梁高（LH）表示横梁到顶面的高度尺寸；梁宽（LW）表示横梁的宽度尺寸；管高（GH）表示各种管道离顶面的高度尺寸（图1-1-12中A为管高，B为梁高，C为梁宽）。

思政要点："工匠精神"与室内测量相融合。

在现场观察与测量的过程中，需要学生以一丝不苟、严谨的态度进行尺寸测量，并做好记录，可将精益求精的"工匠精神"与课程内容相融合。"工匠精神"就是追求卓越的创造精神、精益求精的品质精神、用户至上的服务精神。

目前，一些人为了追求"短、平、快"（投资少、周期短、见效快）带来的即时利益，从而忽略了产品的品质灵魂。因此，人们更需要工匠精神，才能在长期的竞争中获得成功。

图 1-1-6　具体空间尺寸

图 1-1-7　垭口尺寸

图 1-1-8　窗户细节尺寸测量

图 1-1-9　裸露管道测量

图 1-1-10　厨房油烟管道尺寸

图 1-1-11　下水与排污管道尺寸

图 1-1-12　梁的测量尺寸

知识拓展

一、量房前的准备

1. 提前联系客户，了解量房项目的相关情况。（二维码 1-1-1）

2. 量房工具准备。（二维码 1-1-2）

二、测量方法（二维码 1-1-3）

三、量房注意事项（二维码 1-1-4）

二维码1-1-1

岗课结合——任务实施

本任务主要掌握室内空间的观察与测量，从而得出以下几个结论：

（1）客户提供的平面户型图与现场有哪些出入，有哪些地方是在图纸上没有表达出来的？

（2）客户提供的平面户型图尺寸与现场尺寸有无出入，有哪些尺寸是没有标注的，需要通过现场测量得到。主要操作步骤如下。（二维码 1-1-5）

二维码1-1-2

二维码1-1-3

二维码1-1-4

二维码1-1-5

实训演练

依据指导教师提供的户型完成 ×× 住宅空间的现场观察与测量。

要求：（1）运用拍照和录像的方式对房屋进行观察与记录；

（2）运用徒手画的方式完成相关尺寸的记录。

任务二 客户沟通

任务描述

借助电脑、手机等电子设备以及自身的专业技能与业主开展良好的沟通；运用纸、笔等工具对沟通内容做好记录，掌握业主的相关信息、装修预算情况及房屋的特殊处理的地方。本任务基于室内设计师岗位需求——谈单技巧。

能力目标

能借助电脑、手机等辅助工具与业主展开良好的沟通；

能运用电脑、纸、笔等工具对沟通内容做好详细的记录；

能运用专业的沟通技巧与客户建立良好的交流沟通；

能运用 Word 软件制作"室内设计调查问卷表"。

知识要点

设计师进行室内设计前，不仅需要对空间进行现场观察和测量，还需要与客户进行沟通，了解客户的相关信息、装修预算以及有没有特殊处理的地方。如果没有与客户进行良好的沟通，就不可能画出让客户满意的设计图纸。通常与客户沟通是在现场量房的时候进行的，客户可以在现场与设计师进行交流，表明自己的想法和要求，设计师也可以根据现场的一些具体问题提出合理的建议。

一、了解客户相关资料

了解业主相关资料，包含家庭人口、居住者的年龄、性别，每间房间的使用要求，家庭成员的兴趣爱好、生活习惯等；准备添置设备的品牌、型号、规格和颜色等；插座、开关、电视机、音响、电话等的摆放位置等；是否需要保留原有家具的尺寸、颜色、材料、款式等；家庭主妇的身高及所喜欢的颜色等；业主特别喜欢的风格、造型颜色、格调等；将来准备选择的家具的样式、大小、风格等；对目前市面上的设施设备要求：是否安装智能家居设备、中央空调系统、地暖系统等（图 1-2-1—图 1-2-4）。

二、了解客户的装修预算

在设计前，需要了解客户准备花多少钱在该项目中，该项目是用于出租还是自住，深入分析客户的真正消费需求，根据客户的装修预算进行设计，并通过设计解决客户实际需求，这样才能真正设计出让客户满意的作品。

三、客户有无需要特殊处理的地方

在交流过程中，要了解客户对每个空间的具体使用情况，比如，针对家有老年人的住宅空间，要咨询老年人是否有身体方面的问题，在老人房的处理上有无特殊的要求，在卫生间的处理上是否需要考虑智能马桶、警铃、扶手等设施设备（图1-2-5、图1-2-6）。

思政要点： 在与客户交流过程中，要注意考虑客户家中老人生活细节的设计，关爱老人，弘扬中华民族传统美德。谈单需建立在科学的基础上，针对客

图1-2-1 智能门锁

图1-2-2 智能语音
中控主机

图1-2-4 地暖布线

图1-2-5 智能马桶

图1-2-6 无障碍设计

图1-2-3 中央空调运用流程

膨胀阀　蒸发器　室内机
气体
液体
液体　吸热　气体
气体　液体
冷凝器　气体　压缩机　室外机
散热

户提出的某些不科学、不合理、不切实际的要求，设计师有义务并且有责任提出自己的想法和见解，进而客观分析不合理要求的利害得失和客观后果。

知识拓展

室内设计师必须具备业务洽谈能力。（二维码 1-2-1）

二维码1-2-1

岗课结合——任务分析

本任务是基于室内设计师工作岗位需求而设计的，主要是运用多种方式与客户进行有效沟通，从而掌握客户以下信息：客户的基本情况：入住成员的基本情况、兴趣、爱好以及需要添置的设施设备及装修风格；客户装修预算及需要特殊处理的空间；客户的真正需求及各空间的功能要求。

主要操作步骤如下所述：

（1）与客户约谈见面时间、地点：与客户协商交流的时间及地点，并在约谈的前一天再次与客户进行联系，确定时间。

（2）工具准备：建筑户型图（宣传图）、电脑、手机、纸、笔、室内设计问卷调查表等工具。

二维码1-2-2

（3）制作问卷调查表：与客户沟通前需要知道，要想从客户那里得到哪些相关信息，根据相关信息编制"室内设计调查问卷表"。（二维码 1-2-2）

（4）与客户沟通

根据准备的资料及问卷调查表，以两位同学为一组进行客户与设计师的角色扮演，掌握客户的基本情况、预计消费资金及需要特殊处理的地方。

（5）记录交流总结

针对所提供的户型图，运用纸、笔或电脑对交流的信息进行记录，汇总客户的需求。

实训演练

参与真实项目居住空间设计案例或依据指导教师提供的建筑户型图，以两位同学为一组进行客户与设计师的角色扮演，掌握客户的基本情况、装修预算及需要特殊处理的地方。具体要求如下：

（1）完成客户问卷调查表填写；

（2）运用 Word 文档对客户基本需求进行梳理，并查阅收集设计资料；

（3）运用 PPT 完成设计元素及资料的整理收集。

任务三 建筑平面图绘制

任务描述

结合建筑平面图表达的主要内容、识读方法以及建筑平面图的制图规范，完成某居住空间建筑平面图的识读，并运用 CAD 软件完成其建筑平面图的绘制。本任务是基于室内设计师岗位需求、全国技能大赛"建筑装饰技术应用"赛项中模块一"施工图深化设计"、1+X 室内设计职业技能等级证书（中级）中考查的建筑平面图设计识读与绘制而展开的。

知识目标

掌握建筑平面图的形成与分类；

掌握建筑平面图表达的主要内容；

掌握建筑平面图的识读方法；

掌握建筑平面图的制图规范。

能力目标

能识读建筑平面图中各类符号所表示的内容；

能掌握建筑平面图制图规范；

能对某住宅小区建筑平面图进行识读。

知识要点

建筑平面图是室内设计绘制的第一张图样，其他图样（如平面布置图、天花布置图、地面铺装图、开关布置图、水管布置图等）都是在该图的基础上绘制的。建筑平面图与建筑施工图不同，室内装饰中的建筑平面图以表达房屋内部为主。因此，多数情况下，不表示室外的建筑，如台阶、散水、明沟和雨篷等内容。

一、建筑平面图的形成与分类

1.建筑平面图的形成与作用

假如用一个水平剖切平面在窗台线以上适当的位置将房屋剖切开，所得的水平面投影图为建筑平面图。平面图主要表示房屋的平面形状、大小和房间的布置，墙（或柱）的位置、厚度、材料，门窗的位置、大小、开启方向等。通常用 1：50、1：100、1：200 的比例进行绘制（图 1-3-1）。

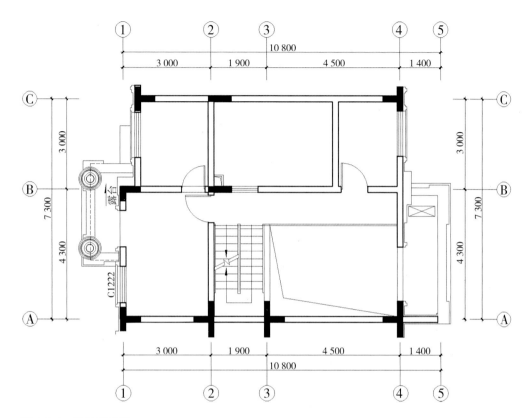

图 1-3-1　建筑平面图

2.建筑平面图的分类

当建筑物各层的房间布置不同时，应分别画出各层平面图，如底层平面图，二层平面图，三、四……各层平面图，顶层平面图，屋顶平面图等。相同的楼层可用一个平面图来表示，称为标准层平面图，并在图的下方注写图名和比例（图 1-3-2—图 1-3-5）。

3.建筑平面图的图线要求

凡被水平剖切的墙、柱等断面轮廓线用粗实线画出，门的开启线、门窗轮廓线、屋顶轮廓线等构配件用中实线画出，其余可见轮廓线均用细实线画出，如需表达高窗、通气孔、搁板等不可见部分，则应以中虚线或细虚线绘制（图1-3-6）。

二维码1-3-1

4.定位轴线及编号

建筑平面施工图中的定位轴线是确定建筑结构构件平面布置及其标志尺寸的基线，是设计和施工中定位放线的重要依据。凡主要的墙和柱、大梁、屋架等主要承重构件，都应画上轴线，并用该轴线编号来确定其位置。定位轴线的画法及编号有如下规定。（二维码1-3-1）

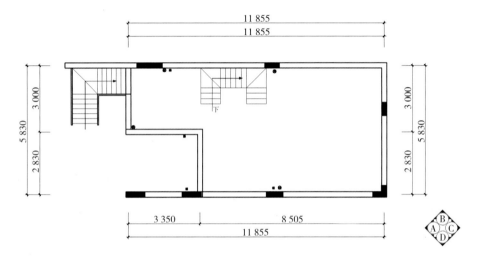

图 1-3-2　别墅负一层平面图

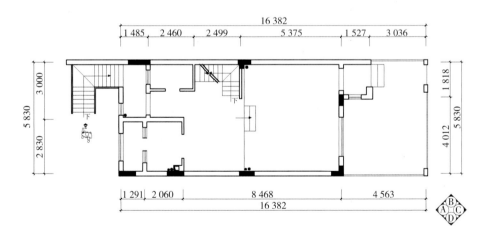

图 1-3-3　别墅底层平面图

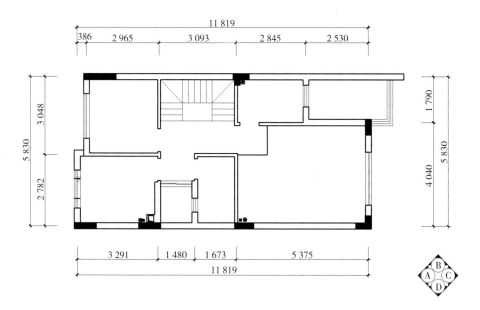

图 1-3-4 别墅二层平面图

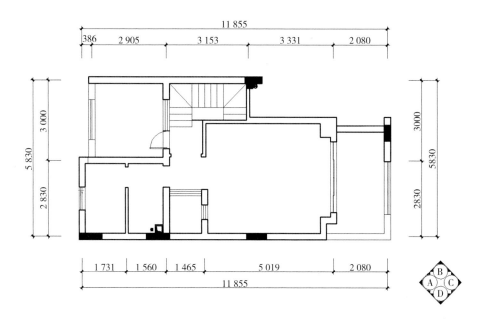

图 1-3-5 别墅顶层平面图

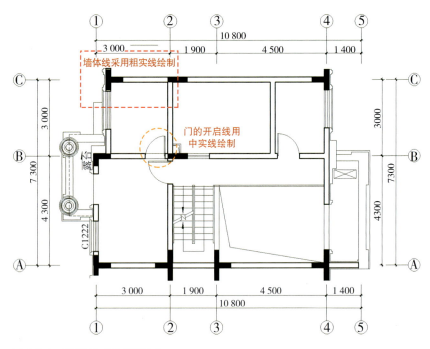

图 1-3-6　建筑平面图图线要求

二、建筑平面图表达的主要内容

（1）原有建筑中被保留下来的墙和柱子，主要墙体的轴线以及各区域的室内主要尺寸。

（2）原有建筑中被保留下来的隔断、门、窗、楼梯、电梯、自动扶梯、管道井和阳台等。

（3）地面标高和楼梯平台的标高（若室内各区域的地面高度相同，可不注此项）。

（4）图名、比例、索引符号以及相关编号。

知识拓展

本知识点内容是基于室内设计师岗位需求、全国技能大赛"建筑装饰技术应用"赛项"模块一：施工图深化设计"和1+X室内设计职业技能等级证书（中级）中考查的对建筑平面图的识读而展开的。

建筑平面图的识读（二维码 1-3-2）

二维码1-3-2

岗课赛证融合——实训操作

本任务实训是基于室内设计师岗位需求、全国技能大赛"建筑装饰技术应用"赛项"模块一：施工图深化设计"和1+X室内设计职业技能等级证书（中级）中考查的对建筑平面图的绘制而展开的。建筑平面图画法以标准层平面图为例。

（1）画出定位轴线，根据开间和进深尺寸定出各轴线（图1-3-7）。

（2）画墙身厚度及柱的轮廓线，定门窗洞位置（图1-3-8）。

（3）画出窗的图例及门的开启线，完成门窗编号（图1-3-9）。

（4）按线型要求加深或加粗图线，并画上轴线的编号、尺寸线等；标注尺寸、剖切位置线、注写图名、比例及其他文字说明，完成建筑平面图（图1-3-10）。

（5）按照合适的比例将绘制完成的建筑平面图纸装入图框（图1-3-11）。

思政要点：在建筑平面图的绘制过程中，将精益求精的工匠精神及职业素养结合起来进行阐述。

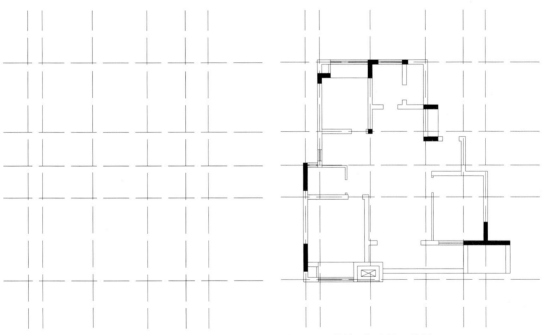

图1-3-7　定位轴线绘制　　　　　　　图1-3-8　墙体及门窗洞口绘制

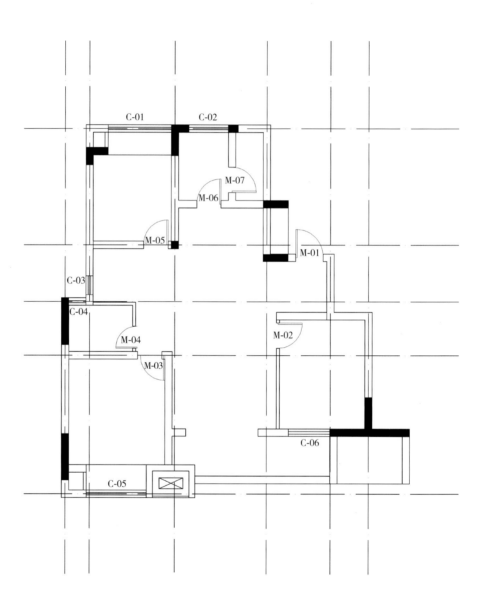

图 1-3-9　绘制门窗图例及门窗编号

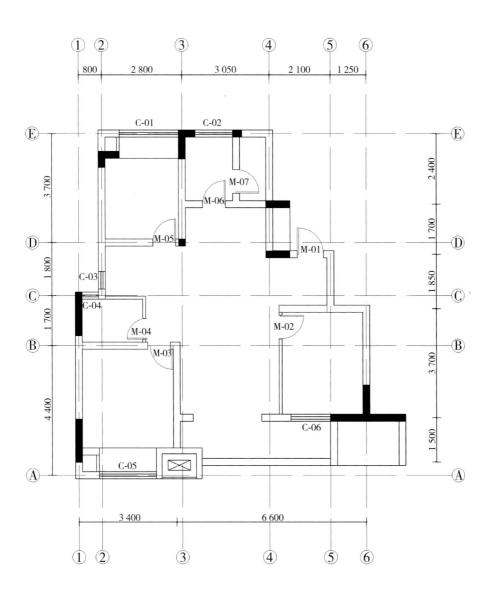

图 1-3-10　完成建筑平面图

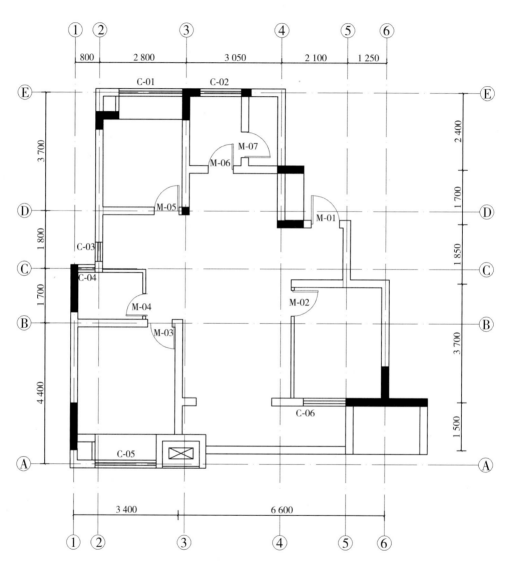

图 1-3-11　按照合适比例装入图框

实训演练

根据提供的某住宅建筑平面户型图，完成该图的建筑平面图绘制（图 1-3-12）。

具体要求如下：

（1）运用 CAD 软件对提供的建筑平面图进行绘制；

（2）结合给出的图纸，绘制出轴线、墙体、门窗、图名比例、门窗位置及开启方式，完成具体空间的开间进深的尺寸定位。

（3）按照适当的比例装入图框。

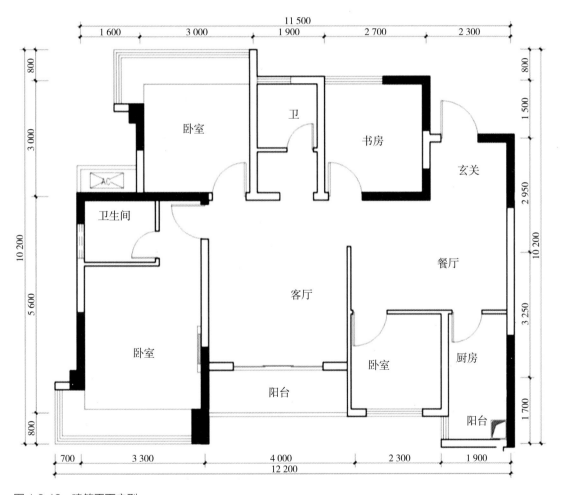

图 1-3-12　建筑平面户型

综合实训演练

根据指导教师提供的某住宅建筑平面户型图,前往施工现场进行现场观察、现场测量、与客户交流,完成原始平面图纸绘制。具体要求如下:

(1)通过现场观察与测量,完成现场建筑原始平面图的徒手绘制尺寸图;

(2)通过与客户进行交流与沟通,运用PPT完成设计意向汇报(客户基本情况、资料查阅、设计意向整理);

(3)运用CAD软件完成建筑平面图绘制。

模块二 | 概念设计

任务描述

结合住宅中业主的家庭因素、个人喜好、风格、装修预算，以及对建筑平面图的分析，对居住空间进行合理的墙体改造及空间规划布置；结合住宅设计中的基本功能、平面布局、流线分析、业主需求，完成住宅空间的平面布置图。

学习目标

能根据业主的基本情况以及对建筑平面图的分析对室内空间进行合理的规划布局，对空间进行合理的改造，在观察与分析的过程中培养学生的全局意识，能结合业主的喜好、功能分区、交通流线设计等内容完成住宅平面图的布置，在设计的过程中，培养学生"以人为本"的职业精神，能运用多种专业在线网站对设计风格的资料进行查阅，将设计风格与客户的基本要求相结合，在设计中去呈现，培养学生运用专业技术自我学习的能力。

任务一 空间规划布局

任务描述

结合住宅中的家庭因素、区域划分、交通流线、建筑原始结构完成住宅空间的建筑墙体改造及空间规划布置。本任务基于室内设计师岗位需求居住空间中的空间规划布局、墙体改造等内容，全国室内装饰设计职业技能竞赛"室内装饰设计师"实操部分，1+X 室内设计职业技能等级证书中的空间方案布局而展开。

知识目标

掌握住宅空间规划中的家庭因素（家庭形态、家庭性格、家庭活动、家庭经济）；

掌握住宅布局中的区域划分；

掌握住宅布局中的交通流线。

能力目标

能运用 CAD 软件对室内空间进行合理规划布局；

能在空间规划布局中将业主的家庭因素融入方案中；

能从住宅布局中考虑各区域的合理划分；

能在住宅布局中设置合理的交通流线。

知识要点

"埏埴以为器，当其无，有器之用。凿户牖以为室，当其无，有室之用。"

——老子

空间规划布局在处理整个室内空间设计中有着先决性的地位，有了合理的空间规划布局，才会有后面的具体空间设计。在大自然中，空间是无限的，但在室内，空间可以运用物质手段来限定，以满足人们的各种需求（图 2-1-1）。

图2-1-1 住宅空间规划布局

二维码2-1-1

一、住宅空间规划中的家庭因素（二维码2-1-1）

每个家庭有着不同的个性特征，使家居设计形成了不同的风格。家庭因素是决定室内环境价值取向的根本条件，其中尤以家庭形态、家庭性格、家庭活动、家庭经济状况等方面的关系最为重要。家庭因素是设计的主要依据和基本条件，也是室内设计的创意取向和价值定位的首要构成要素，合理而协调地处理好这些因素的关系是设计成功的基础。

二、区域划分

区域划分是指室内空间的组成，它以家庭活动需要为划分依据，如群体生活区域、私密生活区域、家务活动区域。其中，群体生活区域具有开敞、弹性、动态以及及户外连接伸展的特征；私密生活区域具有宁静、安全、领域、稳定的特征，家务活动区域则具有安全、私密、流畅、稳定的特征。区域划分是将家庭活动需要及功能使用特征有机地结合，以取得合理的空间划分及组织。一般住宅空间也可分为公共空间、相对开放空间、半私密空间、私密空间四个部分（图2-1-2）。

图2-1-2 住宅空间区域划分

三、交通流线

交通流线是指室内各活动区域之间以及室内外环境之间的联系，它能使家庭活动得以自由顺畅地进行。交通流线包括有形和无形两种。有形的交通流线指门厅、走廊、楼梯、户外的道路等；无形的交通流线指其他可能作为交通联系的空间。设计时，应尽量减少有形的交通区域，增加无形的交通区域，以达到空间充分利用且自由、灵活和缩短距离的效果。（二维码2-1-2）

思政要点：平面空间规划布局要考虑整体空间规划，可与疫情中要有全局意识、大局观念相结合进行讲授。

知识拓展

蔡达宽建筑师说：零走道户型就是高面积利用率。近年来的建筑案例室内布局规划不外乎分成两种设计。（二维码2-1-3）

岗课赛结合——实训分析

本任务实训是基于室内设计师岗位需求居住空间规划设计、全国室内装饰设计业职业技能竞赛实操部分和1+X室内设计职业技能等级证书中考查的空间规划布局内容而展开的。

二维码2-1-2

二维码2-1-3

案例：根据提供的图2-1-3，拟定客户的基本信息、房屋基本情况、风格要求，完成该住宅空间的户型分析、客户家庭成员分析，运用CAD软件完成户型改造及功能分区。

客户基本信息：三口之家，男主人45岁，银行高管，爱好高尔夫、摄影；女主人40岁，中学教师，爱好插花、烹饪；女儿10岁，在校学生，爱好滑板、街舞。

房屋基本情况：该项目位于某小区高层10楼，层高3m。外围出入口及门窗位置、形式不能改变。

风格要求：自定，室内环境舒适、优美、雅致。

基本要求：基本功能分区配置合理，流线清晰，各区域功能性完整，满足居住空间生活需求。

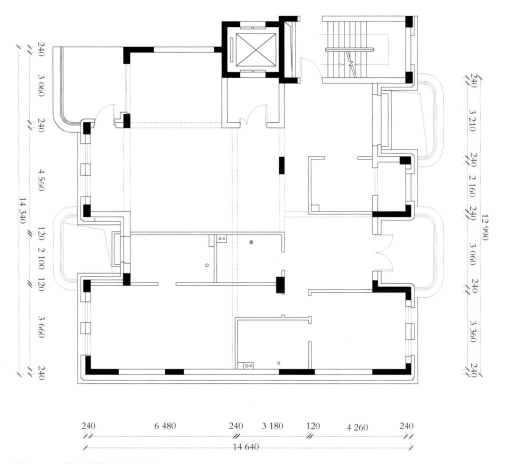

图2-1-3　住宅建筑原始平面图

1.户型分析

该户型较为方正，4居室带有两个独立卫生间，有着良好的采光，完全满足一家三口的正常使用。但整个建筑原始结构中也有一些不合理的因素：客厅和餐厅之间有一段承重柱正好安置在房间心位置，处理将相当棘手；入户门正好与通往卧室的过道相连，形成一个长长的过道，不仅利用率不高，而且让公共空间活动范围狭小；入口门进来后，就直接进入餐厅区域，无玄关；主卧室和次卧室门正好相对设立，隐私性不强（图2-1-4）。

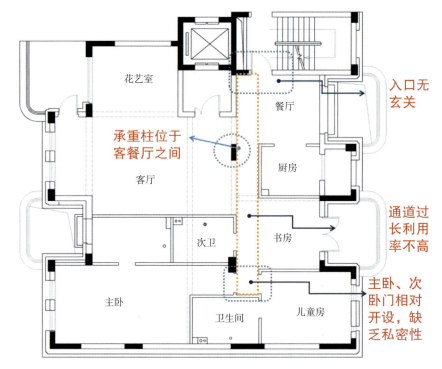

图2-1-4　户型分析

2.客户家庭成员分析

该户型满足三口之家使用，男、女主人和10岁女儿，需要设置不少于两个卧室，满足其休息使用；其中，男主人为银行高管，女主人为中学教师，女儿为学生，因此，需要配置一个书房用于工作和学习；男主人喜欢运动和摄影，因此，需设置一个运动健身区域；女主人喜欢烹饪和插花，因此，需要设置一个花艺室，厨房要有足够的操作空间。

3.户型改造功能分区

基于建筑户型的缺陷和家庭成员的基本情况分析，对原有建筑户型进行了改造（图2-1-5）及功能分区（图2-1-6）。

图2-1-5　建筑户型改造　　　　　　　　　　图2-1-6　建筑功能分区

基于原有结构的不足，图2-1-5中做了以下3个部位的改造。

改造1：基于入户门直接对着一个长通道，客厅与餐厅中横着一根承重柱，入户门口缺乏玄关的问题，结合客餐厅之间承重柱与厨房相邻的墙体新建墙体，形成前挡式玄关，改善了入口无玄关、过道过长以及承重柱的尴尬之处，同时可把人流动线向客厅处引入。

改造2：基于女主人有插花的爱好，可设置一个专门的插花室，因考虑插花室与客厅均属于相对开放空间。因此，可考虑把与客厅相邻的房间墙体取掉设置一个装饰架，形成半开放式的插花室。

改造3：基于男、女主人及儿童均有在家学习和工作的可能性。因此，在靠近卧室区域设置了一间半开放式书房，满足一家三口的学习、工作使用。为了解决儿童房与主卧室门相对开启缺乏私密性的问题，将儿童房的房门设置在开放式书房的一面墙边。

基于男、女主人的兴趣爱好以及使用需求，图2-1-6中，在原有空间的基础上增设了入户衣帽间、插花室、书房以及健身区域。

实训演练

完成某小区住宅空间规划布局

1. 基本条件

（1）该住宅位于某小区高层5楼，层高3 m，楼板厚度100 mm，梁高300 mm。

（2）外围出入口及门窗位置，形式不能改变。

2. 总体要求

（1）业主定位：三口之家，男主人37岁，大学副教授，爱好看电影、游泳；女主人33岁，空乘服务员，爱好插花、看书；女儿7岁，在校学生，爱好芭蕾舞、画画。

（2）风格自定，室内环境舒适、优美、雅致。

（3）基本功能分区配置合理，流线清晰，各区域功能性完整，满足居住空间生活需要。

3. 成本控制

不考虑成本控制。

4. 提供原始框架结构图（图2-1-7）

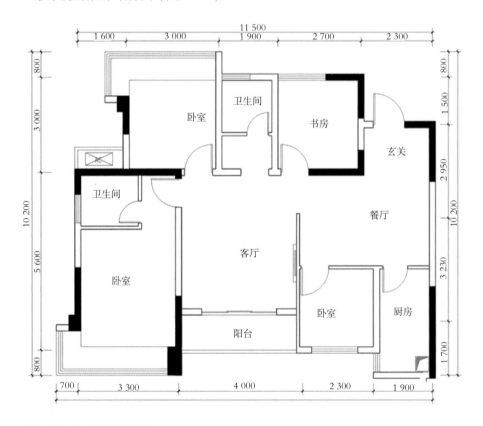

图2-1-7　CAD原始框架图

5. 设计要求

结合业主的基本情况以及提供的建筑原始结构图，运用 CAD 软件完成空间的规划布局图（墙体改造、空间分析）。

任务二　空间平面布置

任务描述

结合住宅设计中的基本功能、平面布局、流线分析、业主需求、建筑结构完成住宅空间的平面布置图。本任务基于室内设计师岗位需求居住空间中的平面布置、全国室内装饰设计职业技能竞赛"室内装饰设计师"实操部分住宅平面布置、1+X室内设计职业技能等级证书中的室内空间平面布局而展开。

知识目标

掌握住宅设计中的基本功能；

掌握住宅设计中的平面布置原则；

掌握住宅设计中的基本流线（家务流线、家人流线、访客流线）；

掌握门窗的基本尺寸。

能力目标

能运用CAD软件对指定的住宅空间进行合理的平面布置；

能将住宅中的基本原则以及基本流线在平面图中进行表现；

能结合门窗的尺寸以及门开启的位置与平面家具进行合理布置。

知识要点

室内空间的功能是基于人的行为活动特征而展开的。要创造理想的生活环境，首先应树立"以人为本"的思想，从环境及人的行为关系研究这一最根本的课题入手，全方位地深入了解和分析人的居住和行为需求。

室内环境在建筑设计时，只提供了最基本的空间条件，如面积大小、平面关系、设备管井、厨房浴厕等位置，要想达到理想的设计，还需要设计师多方位地分析、思考，对室内空间进行整体再创造。室内环境所涉及的功能构想，有基本功能及平面布局两方面的内容。

一、住宅空间的基本功能

住宅空间的基本功能包括睡眠、休息、饮食、盥洗、家庭团聚、会客、视听、娱乐以及学习、工作等。这些功能因素又形成了环境的静—闹、群体—私密、外向—内敛等不同特点的分区（图2-2-1）。

图2-2-1　住宅基本功能分区

1. 群体生活区（闹）及功能

　　门厅——空间过渡、交流等。

　　起居室——谈聚、音乐、电视、娱乐、会客等。

　　餐室——用餐、交流等。

　　休闲室——游戏、健身、琴棋、电视等。

　　车库——交通工具、储藏等。

2. 私密生活区（静）及功能

　　卧室（分主卧室、次卧室、客房、工人房）——睡眠、阅读、视听、爱好等。

　　儿女室——睡眠、书写、爱好等。

　　卫生间——生理方便、盥洗、梳妆等。

3. 家务活动区及其功能

　　厨房——配膳、储藏物品、烹调等。

　　贮藏间——储藏物品、洗衣等。

　　花房——绿化、休闲、交流等。

　　设备间——常备工具和物品等。

二、住宅中的平面布局

住宅中的平面布局包含功能区域之间的关系、各房室之间的组合关系、各平面功能所需家具及设施、交通流线、面积分配、平面门窗的位置、风格及造型特征的定位等（图2-2-2）。

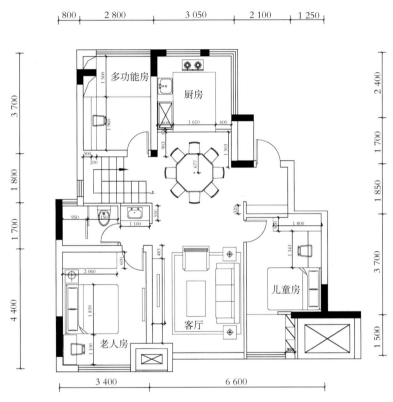

图2-2-2 住宅平面布置图

室内空间的合理利用，在于不同功能区域的合理分割、巧妙布局、疏密有致，充分发挥居室的使用功能。例如，卧室、书房要求静，可设置在靠里边一些的位置以不被其他室内活动干扰；起居室、客厅是对外接待、交流的场所，可设置靠近入口的位置；卧室、书房及起居室、客厅相连处又可设置过渡空间或共享空间，起间隔调节作用。此外，厨房应紧靠餐厅，卧室及卫生间贴近等。

三、住宅中的流线分析（二维码 2-2-1）

流线俗称动线，是指日常活动的路线。它根据人的行为方式把一定的空间组织起来，通过流线设计分割空间，从而达到划分不同功能区域的目的。空间

二维码2-2-1

如何规划，流线设计尤为关键。设计者通过流线设计，可以有意识地以人们的行为方式进行科学的组织和引导，向人们传达动静分区的概念，改变不良的生活习惯，为业主提供人性化的住宅室内设计。

一般来说，居室中的流线可划分为家务流线、家人流线和访客流线，三条线不能交叉，这是流线设计中的基本原则。如果一个居室中流线设计不合理，流线交叉，就说明空间的功能区域混乱，动静不分，有限的空间会被零散分割，居室面积被浪费，家具的布置也会受到极大的限制。

思政要点：平面布置中可与无障碍设计与中华民族传统美德关爱老人相结合。

二维码2-2-2

知识拓展

门窗在平面中的布置

门的作用：联系和分隔室内外空间和作为通风的孔道；窗的作用：采光、通内和分隔空间。

1. 门的宽度和开启方式建筑规范规定。（二维码2-2-2）

2. 平面中门的位置

便于家具设备的布置和充分利用室内面积，方便交通，利于疏散（图2-2-3）。

3. 平面中窗的大小和位置

窗子面积大小：窗户的大小决定了房间的明亮程度。窗的位置应考虑采光、通风、室内家具布置和建筑立面效果等要求从建筑节能与节约造价角度来看，面积也不能过大（图2-2-4）。

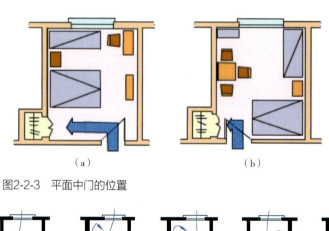

（a） （b）

图2-2-3 平面中门的位置

通风良好　　　通风良好　　　通风较差　　　通风较差　　　通风差

图2-2-4 平面中门窗的位置

岗课赛结合——实训分析

本任务实训是基于室内设计师岗位需求居住空间平面设计、全国技能大赛"建筑装饰技术应用"赛项中模块一"施工图深化设计"中的室内空间平面布置、全国室内装饰设计业职业技能竞赛实操部分和1+X室内设计职业技能等级证书中考查的平面布置内容而展开的。

案例1：结合模块二中任务一的空间规划设计实训演练部分内容，拟定客户的基本信息、房屋基本情况、风格要求，以及住宅的基本功能、平面布置、流线分析等内容，运用CAD软件完成该空间的平面布置图（图2-2-5）。

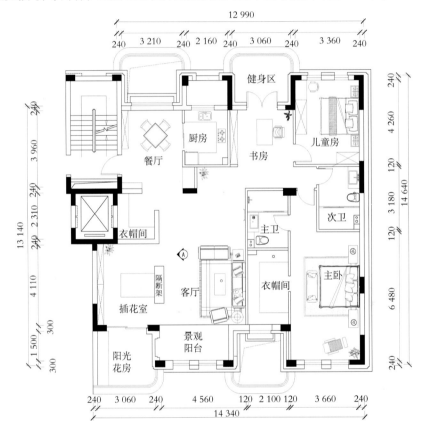

图2-2-5　平面布置图

实训演练

完成某小区住宅空间平面布置图

提供建筑原始平面图（图2-2-6）

设计要求：

结合业主的基本情况以及任务一中完成的空间规划设计，运用 CAD软件完成该空间平面布置图。

任务三　空间风格与色彩搭配

任务描述

　　认识并了解常见的室内空间装饰风格，能够识别风格的特点并能自主地归纳总结，学习室内装饰色彩的搭配，根据不同风格结合对应的色彩组合。本任务基于室内设计师岗位需求居住空间中的空间规划布局、墙体改造等内容、全国室内装饰设计职业技能竞赛"室内装饰设计师"实操部分、1+X室内设计职业技能等级证书中的空间方案布局而展开。

知识目标

　　掌握空间风格的几种常见种类；

　　掌握空间色彩的搭配种类；

　　掌握色彩在不同室内风格中的体现。

能力目标

　　能够识别空间风格的装饰特点；

　　能在空间风格装饰的过程中融入合理的色彩搭配；

　　能自主归纳总结配色的普适性方案。

知识要点

　　室内空间的装饰风格是室内环境给人的最直观空间印象，任何一个室内空间都离不开装饰风格的界定，这与业主对空间环境的理想期待密切相关。从空间的装饰风格上，也能够看出业主的个性和喜好，结合具体的家居布置更好地为业主提供优良的室内环境。对于设计者而言，空间装饰风格也给他们提供了设计的大致方向和思路，在满足装饰风格的设计原则的基础上，更好地发挥个人的设计能力。

一、室内空间风格的常见种类

　　装饰风格的种类繁多，且具有一定的时段性和轮换性，即某些风格会在某个时间段受到大众的喜爱，再被其他风格代替，但通常会经过一段时间后，再次成为受欢迎的风格类型，无论如何轮换，这些风格都是人类家居发展过程中的精华提炼，因此，都具有不同的优点与美感。目前空间风格中常见的种类分为以下几种：

1. 现代风格

现代风格是广为人知且最为主流的装修风格之一，大理石、高级灰等比较有质感的元素在现代风格中常见，再搭配上造型简洁的家具，空间氛围充满舒适的档次感。现代风格十分适合与其他风格相融合，如衍生出现代中式、现代欧式、现代简约等（图2-3-1）。

2. 中式风格

中式风格是经典的设计风格，以中国风为前提，端庄与禅意为设计主旋律。随着装修风格的多样化发展，中式风格也开始融入了现代舒适的风格元素，做成禅意舒适而高级的现代中式、新中式风格等（图2-3-2）。

3. 轻奢风格

轻奢风格是近几年开始流行的装修风格，因为轻奢风格同时具有现代舒适与华丽档次的效果，因此，受到了很多人的青睐，轻奢风格以现代风为主基调，强调奢华而不繁杂，在家具与细节软装上加入大理石、金属质感，让空间显得高级精致（图2-3-3）。

4. 欧式风格

欧式风格从视觉上看，整体空间比较富丽堂皇，会加入很多华丽高贵的设计元素，像石膏线、瓷砖上墙、水晶吊灯等设计元素，在欧式中都较为常见，对于普通小户型并不适合；如今的纯欧式风格，一般都是以大户型与别墅豪宅为主。与现代风格结合后的现代欧式，减少了张扬华丽的装饰线条，将经典的欧式元素简化、符号化，更加贴近现代人的生活（图2-3-4）。

5. 美式风格

美式风格的装修在整体空间配色方面会加入比较粗犷的棕色、壁炉等元素的设计质感，整体空间感会比较豪放大方。而随着现代风的普及流行，很多年轻人在装修美式风格的时候，也会把现代风的元素引入美式，做成舒适而豪放的现代美式风格（图2-3-5）。

6. 北欧风格

北欧风格强调以人为本，在装修里一般都是以简洁为主，不会有什么繁杂的硬装，家具上从简实用，配色也以浅淡为主，然后，还会加入绿植盆栽来点缀，让空间显得清新舒适。这样的装修造价相对较低，是很多年轻人都喜欢的风格（图2-3-6）。

图2-3-1 现代风格空间

图2-3-2 中式风格空间

图2-3-3 轻奢风格空间

图2-3-4 欧式风格空间

图2-3-5 美式风格空间

图2-3-6 北欧风格空间

二、空间色彩的搭配种类

家居上的色彩搭配方式和风格，往往表达的是业主对色彩的喜爱和偏好。但是，这并不意味着作为室内的空间色彩是完全凭个人喜好、习惯随意地进行搭配，要考虑一定的科学性原则（图2-3-7）。

色彩根据不同的色相形成循环的色相环，两种颜色色相相差越远，它们之间的对比就越强烈；距离越近，两种颜色就越协调。在家居色彩的搭配中，往往也是根据这一基本原理，进行不同颜色之间的搭配选择。家居空间的配色方案虽没有硬性的规定要求，但是，根据人的感官体验、心理需求、审美普适性等方面，通常可以将以下几类家具空间的配色方案作为基本的标准：

（1）单一色搭配，选用一种基本色，再以此基本色下不同明度及纯度的颜色进行搭配。再点缀一些突出的色彩，所创造出来的氛围相对比较和谐（图2-3-8）。

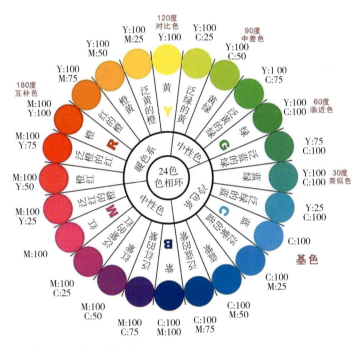

图2-3-7　色环的组成

图2-3-8　单一色的空间配色

图2-3-9　中性灰的空间配色

图2-3-10　互补色的空间配色

图2-3-11　类似色的空间配色

图2-3-12　多色群的空间配色

（2）中性灰是近年来家居装饰色彩搭配中的流行色，黑色、白色和灰色搭配往往效果更为出众，是打造素雅空间的主流色（图2-3-9）。

（3）互补色搭配：在色相环中相差180°的两种颜色互为互补色，互补色并列时，能产生强烈的对比效果。这种配色方案可使房间充满活力、生气勃勃（图2-3-10）。

（4）类似色搭配：在色相环中相差30°的颜色，色彩比较相近，可以营造出更平和的氛围。因此，类似色更适用于客厅、书房或卧室等（图2-3-11）。

（5）多色群搭配：将临近物体的不同色彩选择在色相、明度、纯度等某个属性进行共同化。群化使强调与融合同时发生，相互共存，形成独特的平衡，使配色兼具丰富感和协调感。多色的融合往往需要再加一些类似色进行点缀，在出现秩序感的同时，也具有活泼感（图2-3-12）。

思政要点：将中国传统建筑、室内色彩的搭配相结合，了解中国的传统文化与传统民居特色，为中国而设计。

知识拓展

现代风格是目前大部分空间设计的主要风格，无论现代中式、欧式、轻奢、简约等风格都围绕着现代感这个基调，研究好现代风格中色彩搭配的普遍特点，对于在设计中运用色彩有着重要的意义。

在现代风格空间中，黑白灰色调作为主要色调而广泛运用，让室内空间不会显得狭小，反而有一种鲜明且富有个性的感觉。虽然以颜色搭配上的多样化要求不高，但是要注意色彩搭配所形成的质感效果。根据房间的光照情况搭配不同的颜色，光照充足的空间运用浅蓝、浅绿等冷色调能更实现充足的采光，而光照较为不充足的客厅，最好用暖色调，如奶黄、浅橙等提升空间亮度。家居空间的几种配色方案见二维码2-3-1。

在配色上，主要体现在软装饰的色彩对整体室内的空间影响，以下列举一些色彩方案。（二维码2-3-2）

二维码2-3-1

二维码2-3-2

实训演练

完成某小区住宅空间的配色分析

提供原始建筑平面图（图2-3-13）

设计要求：

结合业主的基本情况，为业主选择合适的现代装饰风格类型，并根据平面图选择结构类似的意向图，并针对各个空间的使用者进行装饰配色方案的分析。

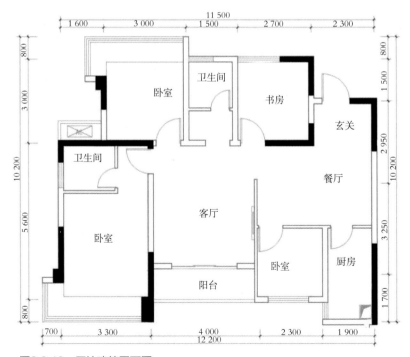

图2-3-13 原始建筑平面图

综合实训演练

根据指导教师提供的某住宅建筑平面户型图，结合模块一中的客户的需求，完成居住空间的概念设计。具体要求如下：

（1）运用PPT，完成设计前期的思路整理（设计主题、设计风格、设计元素、设计理论、灵感来源）；

（2）完成居住空间的功能分区，流线分析、墙体拆建；

（3）运用CAD软件完成居住空间平面图布置。

模块三 ｜ 方案设计

任务描述

结合前期的概念设计及住宅空间各功能区的设计要点及常用家具，运用CAD完成玄关、客厅、餐厅、卧室、厨房、卫生间、多功能房、阳台的方案设计。本模块任务是基于全国技能大赛"建筑装饰技术应用"赛项中模块一"施工图深化设计"、1+X室内设计职业技能等级证书中考查的方案设计而展开的。

学习目标

能对玄关、客厅、餐厅、卧室、厨房、卫生间等功能空间进行合理的布局；掌握其家具尺寸定位、图块的运用、剖立面符号绘制、平面图纸的表现等内容；

能对玄关、客厅、餐厅、卧室、厨房、卫生间等功能空间地面材料进行了解，并能完成地面铺装图的绘制；

能掌握玄关、客厅、餐厅、卧室、厨房、卫生间等功能空间的天花材料以及吊顶造型、灯具布置；能完成天花布置图；

能对玄关、客厅、餐厅、卧室、厨房、卫生间等功能空间进行合理的色彩搭配与材料运用、墙面装饰手法运用，能完成各功能区的立面图绘制。

任务一　玄关设计

任务描述

　　结合玄关的设计要点及常用家具布置，运用 CAD 软件完成玄关的平面布置、地面铺装布置、天花布置、立面图绘制。本任务是基于全国技能大赛"建筑装饰技术应用"赛项中模块一"施工图深化设计"、1+X 室内设计职业技能等级证书中考查的方案设计而展开的。

知识目标

　　了解玄关的作用；

　　了解常见玄关的分类；

　　了解玄关的设计要点；

　　了解玄关的家具布置及尺寸。

能力目标

　　能运用 CAD 软件对玄关方案图纸进行合理绘制；

　　能对玄关进行合理的功能分区；

　　能根据不同的空间结构进行玄关设计；

　　能把握空间的整体风格，让玄关与其他空间更好地融入。

知识要点

　　"玄关又称斗室、过厅，原指佛教的入道之门，现在泛指厅堂的外门，也就是入口的一个区域。玄关的说法源于日本，因为日式住宅进屋后先要换上拖鞋和家居服，才能在榻榻米上坐卧，所以玄关在日本人的住宅中必不可少。目前，大家也习惯了回家后换上拖鞋和家居服，让身心更为放松，于是，玄关就显得尤为重要。在家居装修中，人们往往重视客厅的装饰和布置，而忽略了对玄关的装饰。其实，在房间的整体设计中，玄关是给人第一印象的地方，是反映主人文化气质的"脸面"，更需要投入精力进行设计美化（图 3-1-1）。

一、玄关的作用

　　玄关是一个缓冲过渡的地段，进门第一眼看到的就是玄关，这是人们从繁杂的外界进入室内的最初感觉，与其他空间不同，玄关有着遮挡外界视觉与储物的双重功效（图 3-1-2）。

图3-1-1　中式玄关设计

图3-1-2　玄关的过渡与储物功能

图3-1-3　玄关的遮掩作用

图3-1-4　玄关的储物功能

1. 玄关的遮掩作用

居家讲究一定的私密性。作为家庭活动中心的客厅，是一家人日常聚会的场所，不能太过暴露，所以玄关的存在十分必要。也就是说，进门后要有一个缓冲的空间，有一个类似影壁的屏风，使门外的视线不能直入，以增加客厅内人们的安全感（图 3-1-3）。

2. 玄关的储物功能

玄关的储物功能指进出门时衣帽、鞋、钥匙、手机等物品的摆放或提取，因此，它需要便捷。目前，很多家居设计将衣橱、鞋柜与墙融为一体，巧妙地将其隐藏起来，外观上突出个性与环境的和谐，注重实用的同时，在感官上给人带来美感，并与相邻的客厅或厨房以及卫生间的布局、装饰融为一体（图3-1-4）。

二、玄关的分类

1. 独立式

这种玄关的特点是，玄关本来就以独立的建筑空间存在或者说是"转弯式过道"，因此，对于室内设计者而言，最主要的是充分利用原有功能进行设计（图 3-1-5）。

2. 通道式

这种玄关的特点是，玄关本身就是以"直通式过道"的建筑形式存在。对于这种玄关，如何设置鞋柜是设计的关键（图 3-1-6）。

3. 虚拟式

虚拟式也称"大开式"，入口进来后就是一个较大的客厅，站在门口就可以很清楚地看到整个客厅的大空间。建筑本身不存在玄关，只能分隔客厅或者餐厅的一部分作为玄关。这种样式在设计上难度较高，要根据实际情况设计隔断，创造一个玄关空间。保证居室的私密性，不能让陌生人站在门口就一眼看清居室的布局。有以下几种比较典型的设计案例：

A 型。距离门口 1.2~1.5 m 的位置靠某一墙面设计一个约 1~1.5 m 宽的虚体隔断，使内部空间若隐若现（图 3-1-7）。

B 型。如果内部空间够大，可考虑在离入口适当位置做一个储藏室或衣帽间，那么，这个空间的侧面墙就是玄关的隔断（图 3-1-8）。

C 型。不做任何隔断，鞋柜设置在靠门的墙面上，以体现主人博大开怀的个性（图 3-1-9）。

图3-1-5　独立式玄关

图3-1-6　过道式玄关

图3-1-7　屏风虚拟隔断

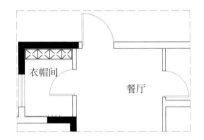

图3-1-8　衣帽间玄关

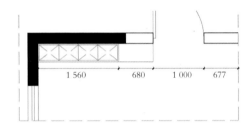

图3-1-9　大开式玄关

三、玄关功能分区及常用家具布置要点

1. 玄关功能分区

常见的玄关一般可分为三个区域：开门准备区、通行及准备区、更衣及换鞋区。

开门准备区：开门前的准备空间；可设置物台，便于进出门放下手中物品，腾出手找钥匙、开门。

通行及准备区：玄关联系着住宅内外的通道，也是家人出行准备的区域；地面材质要耐污、防滑，避免出现障碍物。

更衣及换鞋区：需设置鞋柜、换鞋凳、衣物挂钩等。要有合适的台面用于放置钥匙、帽子、包等随身物品。

2. 玄关常用家具布置要点

（1）鞋柜鞋凳

住宅玄关中鞋柜、鞋凳应靠近布置，最佳的形式为鞋柜与鞋凳相互垂直布

图3-1-10　开敞式衣帽架　　　　图3-1-11　开敞式衣帽架

置成 L 形。家人坐在凳上取、放、穿、脱鞋子比较顺手，安全省力。鞋柜、鞋凳尺寸设计。（二维码 3-1-1）

（2）衣柜、衣帽架

在门厅空间较为宽裕的情况下，可以设置衣柜或衣帽间。衣柜门不宜过宽，常用部分可做成开敞式，方便拿取。

当门厅的面积有限时，采用开敞式的衣帽架可以有效地节省空间，但也有东西多时杂乱不美观的缺点。在选位时，要注意尽量不要设置在主要视线集中处，如正对门的位置。开敞式衣帽架的挂衣钩高度通常为 1 500~1 800 mm（图3-1-10、图 3-1-11）。

（3）穿衣镜

如有条件，宜在户门附近设置能照到全身的穿衣镜。家人外出前可在镜前照一下自己是否穿戴整齐，镜前应设置照明灯。镜面下沿应考虑安装在踢脚线以上位置。

（4）物品暂放平台

在入户门附近设置物品暂放平台，可满足家人从外面回来时，手中拿着许多东西，无法腾出手找钥匙开门，这时，物品暂放平台就可解决这一问题。

为取放物品更方便，暂放平台可设置在入户门开启一侧，不宜远离入户门。物品暂放平台的高度具有通用性，利于不同身高的人使用，建议为850~900 mm，其下可以设置挂钩，买东西回来临时挂放一下。

二维码3-1-1

四、典型的玄关平面布局示例（图 3-1-12）

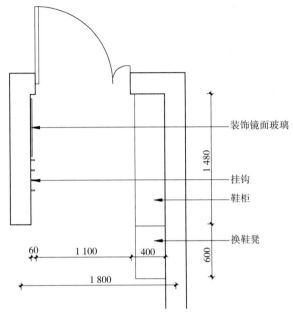

装饰镜面玻璃

挂钩

鞋柜

换鞋凳

图 3-1-12　典型玄关平面布局

思政要点：疫情下，玄关布局应该注意哪些事项？

知识拓展

一、玄关的设计方式

玄关的设计有三种方式：硬玄关、软玄关和虚拟玄关。

1. 硬玄关

硬玄关分为全隔断玄关和半隔断玄关（二维码 3-1-2）。

2. 软玄关

此类型是在平面的基础上，通过色彩、材质等的变化，进行区域处理的方式。可分为天花划分、墙面划分、地面划分和鞋柜划分等类型。

天花划分：通常以顶棚造型来区别。

墙面划分：通过以墙面与墙面的差异来界定玄关的位置。

地面划分：通过地面材料、色泽、高低等因素来约束玄关的位置（图 3-1-13）。

鞋柜划分：通过鞋柜长、宽、高的尺度来约束玄关位置。

二维码3-1-2

图3-1-13　地面划分玄关

图3-1-14　虚拟玄关

3. 虚拟玄关

　　虚拟玄关是指没有在门口做明显的硬玄关或软玄关设计，这一般是由户型决定的。但在进门第一眼就可以看到厅堂的局部，一样使人为之一振，并产生对第一印象的好感，这是美妙的开始。一般来说，这样的设计把握难度高些，看到的景物装饰往往又是其他厅堂装饰的一部分（图 3-1-14）。

二、玄关的照明及灯具

　　玄关是进入居室的第一空间，照明气氛应明快怡人，给人以宾至如归的感觉。门厅照明多采用艺术造型吸顶灯具与嵌入式吸顶灯具。艺术造型吸顶灯可选择组合式吸顶灯或多花吸顶灯，并有少量闪耀炫光，使门厅比较华丽，还可安装造型比较优美的壁灯，以增加气氛。如果主人喜欢在玄关摆放一些小的艺术品，如雕塑、瓷器、盆景等，则可用射灯做局部投射，这样更能显示主人的创意。

二维码3-1-3

三、玄关设计注意要点（二维码 3-1-3）

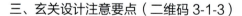
岗课赛证融合——实训分析

　　本任务实训是基于室内设计师岗位需求、全国技能大赛"建筑装饰技术应用"赛项"模块一：施工图深化设计"和 1+X 室内设计职业技能等级证书（中级）中考查的方案设计内容而展开的。

　　案例分析: 参照玄关效果图(图3-1-15)，完成指定户型玄关空间(图3-1-16)

的施工图深化设计。包括平面布置图、地面铺装图、天花布置图、立面布置图
（图 3-1-17—图 3-1-23）。

重要操作步骤如下所述：

（1）参照提供的效果图，运用CAD软件完成平面图纸绘制。完成图 3-1-17。

（2）参照提供的效果图，运用CAD软件完成地面铺装图纸绘制。完成图
3-1-18。

（3）参照提供的效果图，运用CAD软件完成天花布置图纸绘制。完成图
3-1-19。

（4）参照提供的效果图，运用CAD软件完成立面布置图纸绘制。完成图
3-1-20、图 3-1-21、图 3-1-22。

图3-1-15　玄关效果图

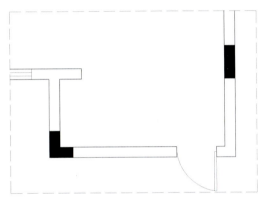

图3-1-16　玄关户型图

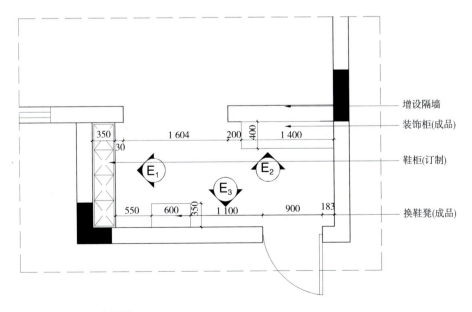

图3-1-17　平面布置图

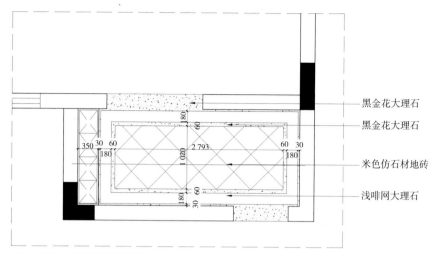

黑金花大理石

黑金花大理石

米色仿石材地砖

浅啡网大理石

图3-1-18　玄关地面铺装图

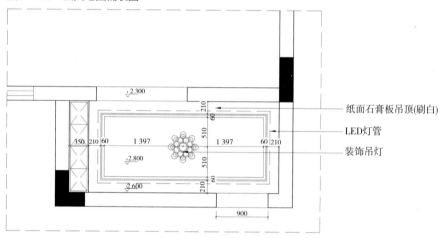

纸面石膏板吊顶(刷白)

LED灯管

装饰吊灯

图3-1-19　玄关天花布置图

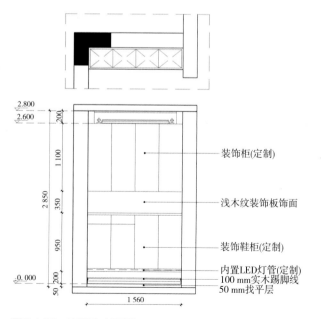

装饰柜(定制)

浅木纹装饰板饰面

装饰鞋柜(定制)

内置LED灯管(定制)
100 mm实木踢脚线
50 mm找平层

图3-1-20　玄关E₁立面图

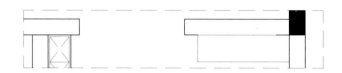

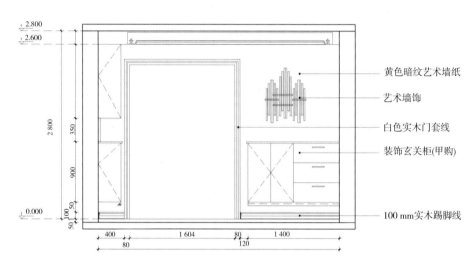

图3-1-21　玄关E₂立面图

黄色暗纹艺术墙纸

艺术墙饰

白色实木门套线

装饰玄关柜(甲购)

100 mm实木踢脚线

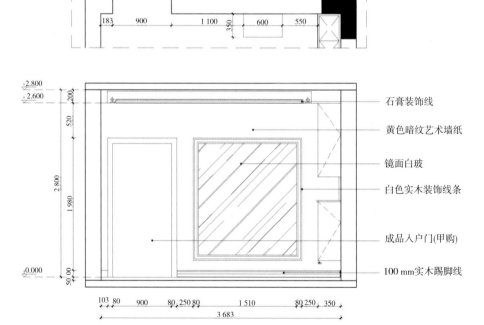

石膏装饰线

黄色暗纹艺术墙纸

镜面白玻

白色实木装饰线条

成品入户门(甲购)

100 mm实木踢脚线

图3-1-22　玄关E₃立面图

实训演练

根据下图提供的原始户型图中所填充的玄关区（图3-1-23），结合玄关的知识要点，以及模块二所完成的平面布置图，完成玄关区域的深化设计。具体要求如下：

（1）结合居住空间的整体布局，运用CAD软件完成玄关空间的平面家具定位布置图、地面铺装图；

（2）结合玄关的照明及天花布置要点，运用CAD软件完成天花布置图；

（3）结合平面天花布置以及整体空间风格的统一性，运用CAD软件完成不少于两个面的立面图绘制。

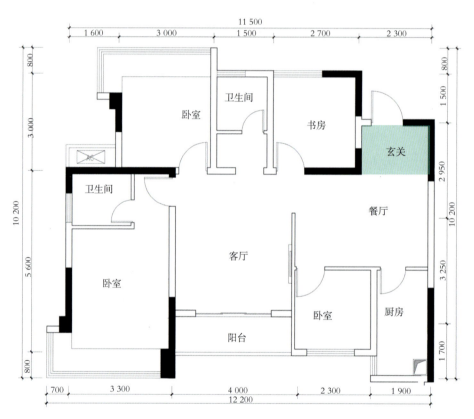

图3-1-23　原始户型玄关区

任务二 客厅设计

任务描述

结合客厅的功能与设计、客厅设计方法、客厅设计的原则，运用 CAD 软件完成客厅区域的平面布置、地面铺装布置、天花布置、立面图绘制。本任务是基于室内设计师岗位需求居住空间中的客厅设计、全国技能大赛"建筑装饰技术应用"赛项中模块一"施工图深化设计"客厅施工图绘制、1+X 室内设计职业技能等级证书中的客厅方案设计而展开的。

知识目标

掌握客厅常见的功能分区，掌握增量与减量；

掌握客厅的天、地、墙面各界面的设计要点；

掌握客厅的色彩搭配和谐色彩、侧重色彩、对比色彩；

掌握客厅的家具与陈设布置。

能力目标

能运用 CAD 软件对客厅进行合理分区；

能根据客户的需要对客厅进行个性化布置；

能把和谐色彩、侧重色彩、对比色彩灵活地运用于客厅空间中；

能对客厅空间的家具及陈设进行合理布置。

知识要点

客厅，又叫"起居室"，是家庭团聚、休息、娱乐、视听、阅读以及会客的区域。一般由休息区、工作学习区、待客区、音乐电视欣赏区、娱乐区、就餐区等组成，个别还兼有单人寝区。客厅是家居装修的重点，是家庭社交的场所，是主人审美品位和艺术修养及体现家庭气氛的地方，无论是典雅大方、高贵大气，还是质朴自然，各种风格都可以在这里尽情地展示，因而设计起居室应以开阔、明快、和谐、舒展、热情、亲切、生机勃勃的意境为目标，赋予人们奋发向上的感染力（图 3-2-1、图 3-2-2）。

图3-2-1 客厅设计

图3-2-2 客厅设计

二维码3-2-1

一、客厅的功能与设计

客厅是居室中展现一个空间设计风格的重点，它是公共区域，也是家庭活动的中心，是面积最大、活动时间最长、使用最频繁的场所，在每个家庭都扮演着最引人注目的角色。它具有联系内外、沟通宾主的使命，在某些家庭中，客厅也是主人身份、地位与个性的象征，它是最能体现家庭主人的生活情趣、爱好、文化修养的场所。客厅既是接待宾客的场所，又是全家人起居、休息、娱乐的中心，是家庭装修的重点部位。

客厅没有统一的搭配模式，一般分为独立式配置、开放式格局（与其他居室合用的多功能居室）（图3-2-3、图3-2-4）。整体设计要适宜、得体、恰到好处，体现美观实用的原则。客厅设计是体现业主个人喜好与品位的集合空间，这部分的内容既有不变元素，又有可变元素。（二维码3-2-1）

按功能性分区，将客厅分成不同的区域；客厅一般分为：会客区、就餐区、学习区。

会客厅要宽敞明亮（主要区域），应适当靠外一些；就餐区应靠近厨房，可根据设计需要采用屏风或隔断来处理，就餐区应采用暖色调；学习区应设置在靠近会客区的某一角，一般采用冷色调，可以减轻精神疲劳。

（注意：客厅的各项功能在设计时，要根据主人需求进行合理规划，如果家人看电视的时间非常多，就可以把电视柜定为客厅的中心区域，来确定沙发的位置和走向；如果不是常看电视，客人较多，则完全可以把会客区作为客厅的中心。）

二维码3-2-2

客厅区域划分可以采用"硬性划分"和"软性划分"两种方法。（二维码3-2-2）

图3-2-3 独立式客厅

图3-2-4 开放式客厅

图3-2-5 客厅电视墙设计

图3-2-6 水泥板墙面造型设计

二、客厅设计方法

1. 墙体设计

墙体设计又称"主体墙"设计，目前，"主体墙"设计一般包括电视背景墙或沙发背景墙等，墙体装饰不易过多过滥，以简洁为好，色彩与客厅主体颜色相协调。目前，市面上墙体材料的种类繁多，在材料的选择上不一定要追求特殊性，但一定要考虑视听效果及光源采集效果，注意"主体墙"的个性化处理，但不意味着新、奇、特（图 3-2-5）。

客厅墙面常用的材料有文化石、石材、玻璃、木材、金属、石膏板、乳胶漆等材料（图 3-2-6）。

2. 地面设计

地面通常是最引人注意的部分，其色彩、质地和图案能直接影响室内观感。地面材料可以选用铀面瓷砖、石材、实木地板或其他材料，选材时，质地、色彩固然重要，但也要选择辐射小、环保型的材料（图 3-2-7、图 3-2-8）。

图3-2-7　实木地板运用

图3-2-8　石材在地面运用

二维码3-2-3

二维码3-2-4

3. 客厅的采光与照明（二维码3-2-3）

客厅内有两种光源：一种是受限于建筑设计本身的自然光源，即太阳光；另一种是受制于人们使用需求而设置的照明。这两种光可以给人们的生活带来丰富多彩、扑朔迷离的感觉。客厅是家庭起居生活的中心，活动的内容丰富多样，因此，对于照明的要求往往具有灵活、变化的特点。总之，客厅的照明应根据其使用功能、装饰功能的不同需要及所要求的环境气氛、处理好光与影、明与暗的关系，设置不同的照明设施。客厅灯光选择原则（二维码 3-2-4）。

4. 客厅色彩搭配

客厅作为人们日常活动的主要场所，色彩应以典雅、明朗、整体感强的浅色调为主，局部可有一些色彩变化，或深、或浅，这样易产生舒畅、明快的环境氛围，但要与天花板、墙体及地板的色彩搭配相协调（图 3-2-9）。白色是人们常用的色彩，以白色为主调的房间，其装饰物也比较容易搭配，但是，在当代多彩材料的冲击下，单纯的白色已满足不了人们对色彩的追求，人们开始选其他温暖、宁静材质的色彩为主色调，显得宽敞明亮，使人感觉轻松、舒服（图 3-2-10）。针对不同的主人，选择的色彩搭配也有所不同。客厅色彩搭配（二维码 3-2-5）。

图3-2-9　客厅营造整体和谐色调　　图3-2-10　咖色调的运用

5.客厅陈设布置

　　一个整洁、美观、舒适、实用、充满生活情趣的客厅环境是人们所追求的，客厅的空间环境主要取决于其整体的设计风格，同时，也与客厅的陈设有关。客厅的陈设包含家具、日用电器及装饰品（二维码3-2-6）。

　　思政要点：客厅区陈设设计知识点可与中国传统文化——中国画派的名人相结合，并思考如何将中国传统元素与客厅空间设计相融合。

二维码3-2-5

知识拓展

客厅设计注意的原则

1.风格要明确

　　客厅是家居的核心区域。在现代家居格局中，客厅的面积是最大的，空间也是相对开放的，地位也最高，它的风格基调往往是家居格调的主脉，把握着整个居室的风格。整个客厅的布局和装饰要协调统一，才能凸显出一种明确的风格特点，而各个细部的美化装饰，要注意服从整体的感觉美感（图3-2-11、图3-2-12）。

二维码3-2-6

图3-2-11　现代简奢风格　　　　　图3-2-12　现代简约风格

2. 个性要突出

客厅必须有自己独到的东西，能一眼就给人与众不同的感觉。在不同的客厅装修中，任何一个细小的差别往往都能折射出主人不同的人生观及修养、品位，因此，设计客厅时要用心，要有匠心，极力在客厅竖立起一面鲜明的个性旗帜。客厅的个性化可通过装修材料、装修手段的选择及家具的摆放来表现，也可以通过配饰等"软装饰"来表现，如工艺品、字画、坐垫、布艺、小饰品等，这些小细节更能展现出主人的修养。

3. 安全原则

从照明、家具、装饰材料、用电等各方面要注意使用过程中的安全问题，尤其针对妇女、儿童及残障人士，更要避免给他们带来安全隐患。地面铺设的主材应尽量避免大面积使用过于光滑的石材和过于白净的色系，容易产生刺眼的折射光源，易带来视觉疲劳。

岗课赛证融合——实训分析

本任务实训是基于室内设计师岗位需求、全国技能大赛"建筑装饰技术应用"赛项"模块一：施工图深化设计"中的客厅设计和1+X室内设计职业技能等级证书中考查的客厅方案设计内容而展开的。

本任务参照提供的客厅效果图片（图3-2-13）完成指定户型客厅空间的施

工图深化设计（图 3-2-14）。包括客厅平面布置图、地面铺装图、天花布置图、立面布置图。

重要操作步骤如下所述：

（1）参照提供的效果图，运用 CAD 软件完成平面图纸绘制。完成图 3-2-15 客厅平面布置图。

（2）参照提供的效果图，运用 CAD 软件完成地面铺装图纸绘制。完成图 3-2-16 客厅地面铺装图。

（3）参照提供的效果图，运用 CAD 软件完成天花布置图纸绘制。完成图 3-2-17 客厅天花布置图。

（4）参照提供的效果图，运用 CAD 软件完成立面布置图纸绘制。完成图 3-2-18—图 3-2-20。

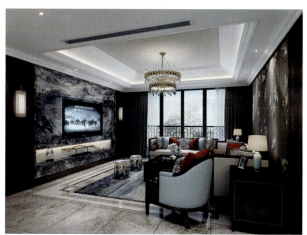

图3-2-13　客厅效果图

图3-2-14　客厅原始平面图

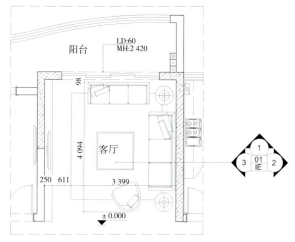

图3-2-15　客厅平面布置图

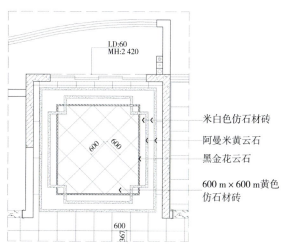

图3-2-16　客厅地面铺装图

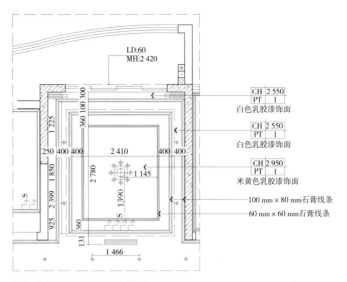

图3-2-17 客厅天花布置图

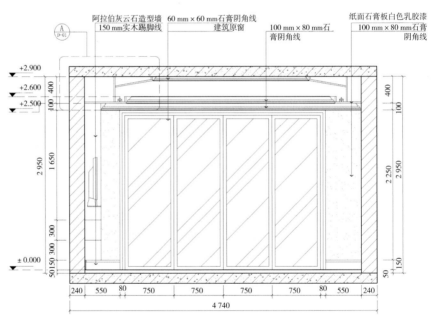

图3-2-18 客厅立面图01

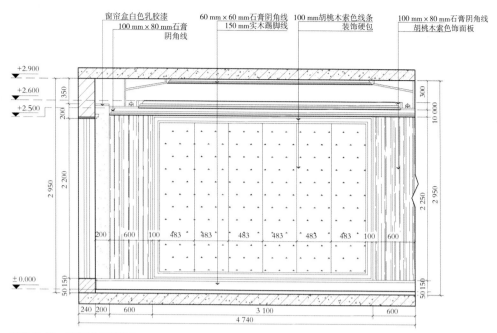

图3-2-19　客厅立面图02

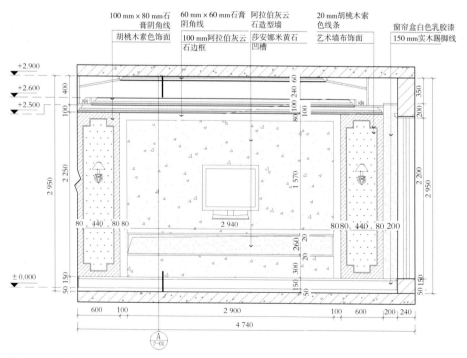

图3-2-20　客厅立面图03

实训演练

根据提供的建筑原始户型图，结合模块二完成的平面功能分区及平面布置图，完成客厅区域的方案设计（图3-2-21）。具体要求如下：

（1）结合模块二完成的居住空间的平面布局，运用CAD软件完成客厅空间家具尺寸定位及地面铺装图；

（2）结合客厅的照明与天花布置，运用CAD软件完成客厅区域天花布置图；

（3）结合客厅的设计手法与原则，运用CAD软件完成不少于两个主体墙面的立面设计。

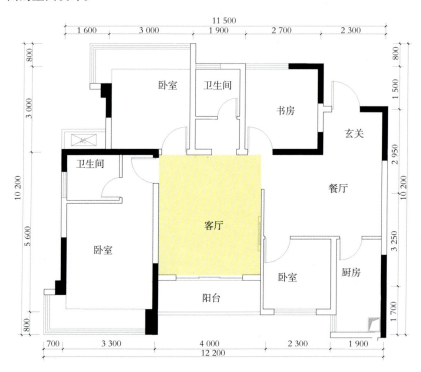

图3-2-21　原始户型客厅区

任务三　餐厅设计

任务描述

结合餐厅的功能、设计要点及常用家具布置，运用 CAD 软件完成餐厅区域的平面布置、地面铺装布置、天花布置、立面图绘制。本任务是基于室内设计师岗位需求、全国技能大赛"建筑装饰技术应用"赛项中模块一"施工图深化设计"餐厅设计部分、1+X 室内设计职业技能等级证书中的方案设计而展开的。

知识目标

掌握餐厅的基本布局；

掌握餐厅的天、地、墙面各界面的设计要点；

掌握餐厅的照明与色彩搭配；

掌握餐厅的酒柜以及桌椅的尺寸规格。

能力目标

能运用 CAD 软件对餐厅进行合理布置；

能对餐厅各界面进行灵活的处理；

能根据不同风格的餐饮空间进行色彩搭配与照明设计；

能把人体工程学中合理的尺寸运用于餐厅空间中。

知识要点

餐厅是家人日常进餐的主要场所，也是宴请亲友的活动空间。因其功能的重要性，每套居住空间都应设独立的进餐空间。餐厅位置应靠近厨房，并居于厨房与起居室之间最有利，在设计上，要取决于各个家庭不同的生活与用餐习惯。一般对餐厅的要求是方便、卫生、安静、舒适（图 3-3-1）。

图3-3-1　餐厅设计

一、餐厅的布局

根据餐厅所处住宅的位置不同，可以分为三种形式：

1.独立餐室

这种餐厅处于一种闭合的空间内，是比较理想的布局形式。这种餐厅常见于较为宽敞的住宅，有独立的房间作为餐厅，面积上较为宽余，可以创造出特殊的就餐气氛，其表现形式也可自由发挥，然而，完全隔离的餐厅在空间灵动性上比较弱（图3-3-2）。

2.客餐合一

在客厅内设置餐厅，用餐区的位置以邻接厨房并靠近起居室最为适当，它可以同时缩短膳食供应和就座进餐的交通线路。餐厅与客厅之间通常采用各种虚隔断手法灵活处理，如用壁式家具作闭合式分隔，用屏风、花格作半开放式的分隔，用矮树或绿色植物作象征性的分隔，甚至不作处理（图3-3-3）。

3.餐厨合一

厨房与餐厅同在一个空间，在功能上是先后相连贯的，厨房与餐厅合并的这种布置，就餐时上菜快速方便，能充分利用空间，较为实用。但需要注意，不能使厨房的烹饪活动受到干扰，也不能破坏进餐的气氛。要尽量使厨房和餐室有自然的隔断或使餐桌布置远离厨具，餐桌上方应设集中照明灯具（图3-3-4）。

二、餐厅设计要点

1.界面设计

顶棚设计：餐厅的顶棚设计通常采取对称形式，造型多变。不管中餐还是西餐，圆桌还是方桌，就餐者都是围绕餐桌就座，形成了一个无形的中心环境，因此，顶棚的几何中心所对应的位置正是餐桌（图3-3-5）。

地面设计：餐厅的地面处理，因其功能的特殊性，要求考虑便于清洁的因素，同时，还要考虑具有一定的防水和防油污特性。可选择防滑釉面砖、复合地板及实木地板等材料，做法上要考虑污渍不易附着于构造缝内（图3-3-6）。拼花地面的图案可与顶棚相呼应。一些均衡的、对称的、不规则的则可根据具体的空间情况进行灵活设计，在地面材料的选择和图案的样式上，需要考虑与空间整体风格的协调。

墙面设计：墙面的装饰处理需考虑空间整体的协调性，应该根据空间使用性质、所处位置及个人品位，运用科学技术、文化手段和艺术手法来创造舒适美观、轻松活泼、赏心悦目的空间环境，以满足其功能性和装饰性（图3-3-7）。

图3-3-2　独立餐室

图3-3-3　客餐合一

图3-3-4　餐厨合一

图3-3-5　顶棚设计

图3-3-6　地面设计

图3-3-7　墙面设计

二维码3-3-1

2.照明与色彩

　　人们用餐时，往往非常强调幽雅环境的气氛营造，设计时，更要注重灯光的调节以及色彩的运用。要注意餐厅的照明与色彩。（二维码 3-3-1）

3.家具设计要点

　　（1）酒柜

　　家庭酒柜在满足储藏的功能外，已更多成为一种增添文化品位与家居档次的摆设和装饰，大部分的酒柜不单单是酒柜，已演变为多功能定位的家居摆设。常见的酒柜分为嵌入式酒柜、玻璃隔断酒柜、原木酒柜（图 3-3-8、图 3-3-9）。

　　酒柜常见的尺寸规格有：长 900 mm × 宽 415 mm × 高 2 033 mm、655 mm（内侧边）× 685 mm(深)×2 000 mm、下柜长 1 065 mm × 宽 580 mm × 高 550 mm，上柜长 1 080 mm × 宽 605 mm × 高 1 560 mm、长 900 mm × 宽 400 mm × 高 1 354 mm 等。家庭酒柜的尺寸还有其他规格，可以根据家的实际面积进行选购。

　　（2）桌椅

　　餐桌高：750~790 mm；餐椅高：450~500 mm（图 3-3-10）。

　　方餐桌尺寸：二人 700 mm × 850 mm，四人 1 350 mm × 850 mm，八人 2 250 mm × 850 mm。

　　圆桌直径：二人 500 mm，二人 800 mm，四人 900 mm，五人 1 100 mm，六人 1 100~1 250 mm，八人 1 300 mm，十人 1 500 mm，十二人 1 800 mm。

　　餐桌转盘直径：700~800 mm。

　　思政要点：将"关爱老人""以人为本"融入餐饮空间中的无障碍设计，进行相应的职业素养培养。

图3-3-8　嵌入式酒柜

图3-3-9　原木酒柜

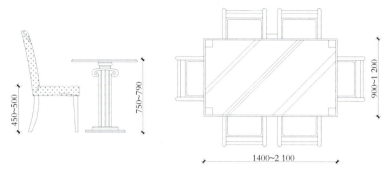

图3-3-10　桌椅尺寸

知识拓展

　　吧台设计：家居吧台设计应着重于实用性，体现其美感。占据面积不可过大，一般有 0.5 m² 左右，足够一人转身的空间即可。通常家用吧台会设置在客餐厅之间、餐厅与厨房之间、起居室、主卧室等空间，造型可根据业主喜好而定（图 3-3-11）。

图3-3-11　餐厨之间的吧台设计

二维码3-3-2

　　吧台的布置形态。（二维码 3-3-2）

岗课赛证融合——实训分析

　　本任务实训是基于室内设计师岗位需求、全国技能大赛"建筑装饰技术应用"赛项"模块一：施工图深化设计"中的餐厅设计和 1+X 室内设计职业技能等级证书（中级）中考查的方案设计内容而展开的。

　　案例分析：参照提供的餐厅效果图片（图 3-3-12），完成指定户型餐厅空间的施工图深化设计（图 3-3-13）。包括餐厅平面布置图、地面铺装图、天花布置图、立面布置图。

重要操作步骤如下所述：

（1）参照提供的效果图，运用 CAD 软件完成平面图纸绘制，完成餐厅平面布置图（图 3-3-14）。

（2）参照提供的效果图，运用 CAD 软件完成地面铺装图纸绘制，完成餐厅地面铺装图（图 3-3-15）。

（3）参照提供的效果图，运用 CAD 软件完成天花布置图纸绘制，完成餐厅天花布置图（图 3-3-16）。

（4）参照提供的效果图，运用 CAD 软件完成立面布置图纸绘制，完成餐厅立面图（图 3-3-17）。

图3-3-12　餐厅效果图

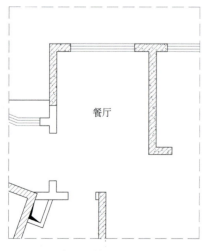

图3-3-13　餐厅原始图

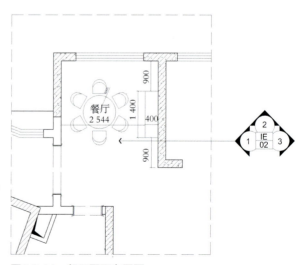

图3-3-14　餐厅平面布置图

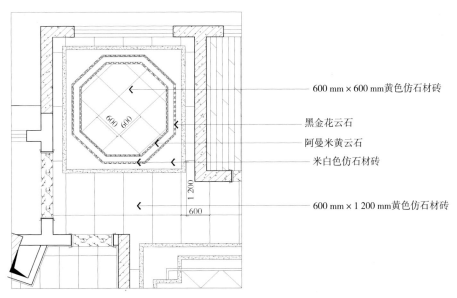

600 mm × 600 mm黄色仿石材砖

黑金花云石

阿曼米黄云石

米白色仿石材砖

600 mm × 1 200 mm黄色仿石材砖

图3-3-15　餐厅地面铺装图

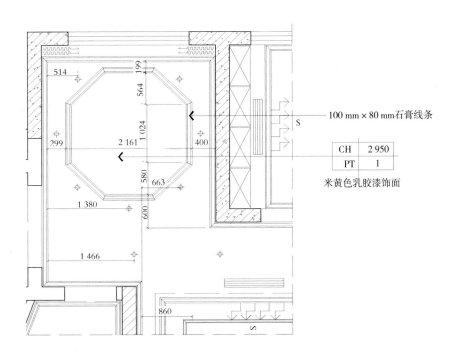

100 mm × 80 mm石膏线条

CH	2 950
PT	1

米黄色乳胶漆饰面

图3-3-16　餐厅天花布置图

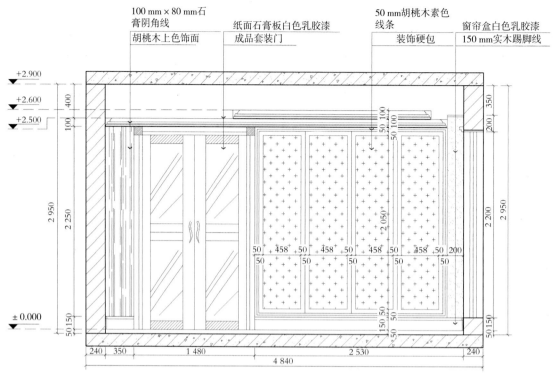

图3-3-17（1） 餐厅立面图1

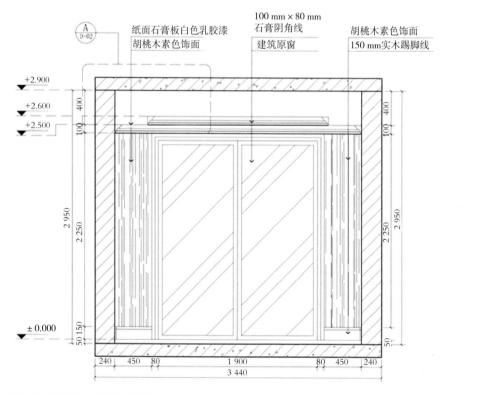

图3-3-17（2） 餐厅立面图2

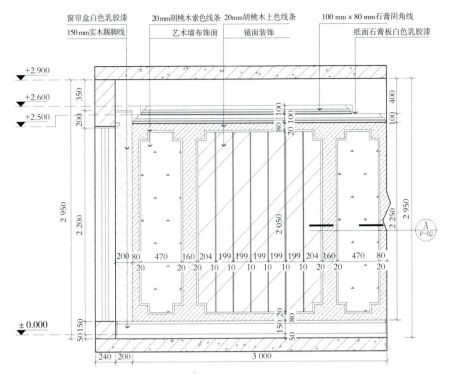

窗帘盒白色乳胶漆　20mm胡桃木索色线条　20mm胡桃木上色线条　100 mm×80 mm石膏阴角线
150 mm实木踢脚线　艺术墙布饰面　镜面装饰　纸面石膏板白色乳胶漆

图3-3-17（3）　餐厅立面图3

实训演练

　　根据提供的建筑原始户型图，结合模块二完成的平面功能分区及平面布置图，完成餐厅区域的方案设（图3-3-18）。具体要求如下：

　　（1）结合居住空间的整体布局，运用CAD软件完成餐厅空间的平面布置图、地面铺装图；

　　（2）结合餐厅的照明与天花布置，运用CAD软件完成餐厅区域天花布置图；

　　（3）结合餐厅的设计手法与原则，运用CAD软件完成不少于两个面的餐厅立面设计。

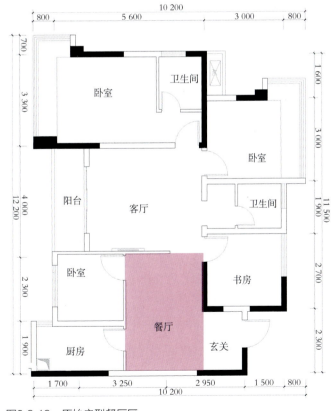

图3-3-18　原始户型餐厅区

任务四　卧室设计

任务描述

　　结合卧室的设计要点及常用家具布置，运用 CAD 软件完成卧室的平面布置、地面铺装布置、天花布置、立面图绘制。本任务是基于全国技能大赛"建筑装饰技术应用"赛项中模块一"施工图深化设计"、1+X 室内设计职业技能等级证书（中级）中考查的方案设计而展开的。

知识目标

　　了解卧室的作用；

　　了解常见卧室的种类；

　　了解卧室的设计要点；

　　了解卧室的家具布置及尺寸。

能力目标

　　能运用 CAD 软件对卧室方案图纸进行合理绘制；

　　能对卧室进行合理的功能分区；

　　能根据不同的空间结构进行卧室设计；

　　能把握空间的整体风格，让卧室设计更加符合审美与功能。

知识要点

　　卧室是供居住者睡眠、休息的房间，在室内空间中属于相对安静的空间。卧室又被称作卧房、睡房，分为主卧与次卧。主卧通常指一个家庭场所中最大、装修最好的居住空间。次卧是区别于主卧以外的居住空间。人们在家居生活中，有 1/3 的时间都是在卧室度过的，优良的卧室空间环境能够使人更好地休息身心，缓解疲劳；同时，根据设计方式的不同，卧室所展现的外观功能也各有不同，卧室通常还体现了业主个人的喜爱偏好与审美情趣（图 3-4-1）。

一、卧室的功能

二维码3-4-1

　　卧室是提供睡眠、休憩的私密空间，不同于客厅、餐厅等室内活动空间，卧室主要是安宁怡静的环境，其功能分为休憩功能、私密功能、收纳功能。（二维码 3-4-1）

二、卧室的分类

1. 主卧

主卧为家庭主要成员居住的卧室环境，在面积上也是最大的卧室，作为家庭主人使用的卧室通常都是卧室设计的重点，在居室中也处于环境最好的地方，如具有良好的户外视野、安静的空间环境，通常主卧配有独立的卫生间供家人单独使用（图 3-4-2）。

2. 次卧

次卧为家庭主人外其他家庭成员居住的卧室环境，在面积上往往小于次卧，卧室构造根据使用者相关情况确定，如儿童房、老人房等；如果是供家庭成员以外的人使用，通常也被称为客房（图 3-4-3）。

3. 工人房

在很多高端房产的户型，如别墅中，会有工人房这样的空间。工人房顾名思义是提供给家政工作人员居住的空间，如保姆等，也被称为保姆房管家房等。这类职业工作者往往要长时间在业主家中进行家务活动的工作，因此，有条件的家庭会布置一定空间供其居住，空间的布置通常较简单，没有工人入住时，可以方便转为储藏间使用（图 3-4-4）。

图3-4-1　英式卧室设计

图3-4-2　主卧效果图

图3-4-3　次卧效果图

图3-4-4　工人房效果图

二维码3-4-2

二维码3-4-3

三、卧室功能分区及常用家具布置要点

（1）卧室功能分区。（二维码 3-4-2）

卧室的功能一般全部或部分满足以下五个分区：睡眠区、收纳区、活动区、视听区、休闲区。

（2）卧室常用家具布置要点。（二维码 3-4-3）

（3）典型的卧室平面布局示例（图3-4-5）。

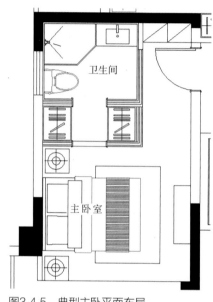

图3-4-5 典型主卧平面布局

思政要点：卧室设计中如何与"以人为本"的科学发展观相结合。

二维码3-4-4

知识拓展

一、卧室的设计方式（二维码 3-4-4）

卧室的设计主要依靠家具的摆放达到不同的效果，卧室不同的开间进深尺度也决定了家具的摆放位置，主要有三种方式：单边式、对边式、围合式。

二、卧室的照明及灯具（二维码 3-4-5）

二维码3-4-5

岗课赛证融合——实训分析

本任务实训是基于室内设计师岗位需求、全国技能大赛"建筑装饰技术应用"赛项"模块一：施工图深化设计"中的卧室设计和1+X 室内设计职业技能等级证书中考查的方案设计内容而展开的。

图3-4-6 卧室效果图

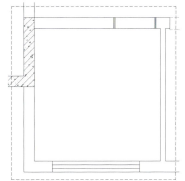

图3-4-7 卧室原始户型图

案例分析：参照提供的卧室效果图片（图 3-4-6），完成指定户型卧室空间的施工图深化设计（图 3-4-7）。包括卧室平面布置图、地面铺装图、天花布置图、立面布置图。

重要操作步骤如下所述：

（1）参照提供的效果图，运用 CAD 软件完成平面图纸绘制，完成卧室平面布置图（图 3-4-8）。

（2）参照提供的效果图，运用 CAD 软件完成地面铺装图纸绘制，完成卧室地面铺装图（图 3-4-9）。

（3）参照提供的效果图，运用 CAD 软件完成天花布置图纸绘制，完成卧室天花布置图（图 3-4-10）。

（4）参照提供的效果图，运用 CAD 软件完成立面布置图纸绘制，完成卧室立面图（图 3-4-11—图 3-4-13）。

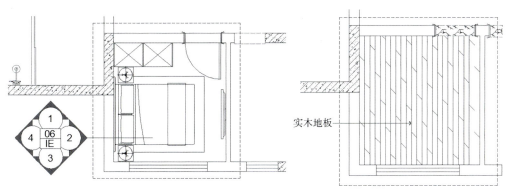

图3-4-8 卧室平面布置图

图3-4-9 卧室地面铺装

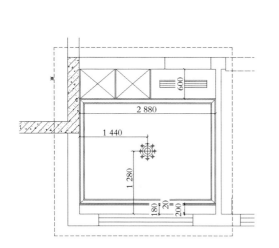

图3-4-10 卧室天花布置

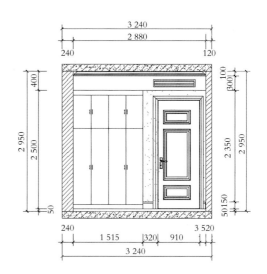

图3-4-11 卧室立面图1

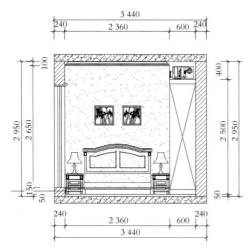

图3-4-12 卧室立面图2

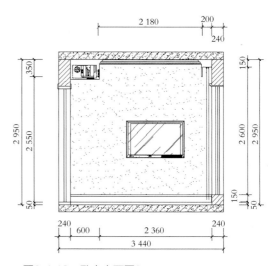

图3-4-13 卧室立面图3

实训演练

　　根据下图提供的卧室原始户型图（图3-4-14），结合卧室的知识要点，完成卧室区域的方案设计。具体要求如下：

　　（1）结合居住空间的整体布局，运用CAD软件完成卧室空间的平面布置图、地面铺装图；

　　（2）结合卧室的照明及天花布置要点，运用CAD软件完成天花布置图；

　　（3）结合平面天花布置以及整体空间风格的统一性，运用CAD软件完成不少于两个面的立面图绘制。

图3-4-14　卧室原始结构图

任务五　厨房设计

任务描述

结合厨房的设计要点及常用家具布置，运用 CAD 软件完成卧室的平面布置、地面铺装布置、天花布置、立面图绘制。本任务是基于全国技能大赛"建筑装饰技术应用"赛项中模块一"施工图深化设计"、1+X 室内设计职业技能等级证书中考查的方案设计而展开的。

知识目标

了解厨房的作用；

了解常见厨房的种类；

了解厨房的设计要点；

了解厨房的家具布置及尺寸。

能力目标

能运用 CAD 软件对厨房方案图纸进行合理绘制；

能对厨房进行合理的功能分区；

能根据不同的空间结构进行厨房设计；

能把握空间的整体风格，让厨房设计更加符合审美与功能。

知识要点

厨房是家中准备食物并进行烹饪的房间，民以食为天，厨房的重要性不言而喻，优秀的厨房不仅要有满足使用者需求的厨具设备，更要有合理的布局设置，能够让家庭成员既舒适又方便地完成食物的料理过程。厨房也是家用电器的主要集中地，许多与烹饪相关的材料也集中在厨房，厨房的空间面积往往相对较小，合理布局，充分利用厨房空间也是厨房设计的要点之一（图 3-5-1）。

图3-5-1　轻奢型厨房设计

一、厨房的功能（二维码 3-5-1）

厨房是功能目的明确的空间，家庭一天的三餐都在厨房准备，将各类食品材料在厨房储存或拿取，人与空间的互动是比较频繁的，因此，厨房的功能可分为烹饪功能、储藏功能、交流功能。

二、厨房的分类

1. 独立式厨房

独立式厨房是常见的厨房类型，虽称为独立式，但并非封闭不流通，考虑到厨房的油烟气味，通常将厨房作为一个单独的围合空间。同时，保证空气的流通，厨房门洞通常选择大面积滑动门或不设置门直接开口，也会设置窗户保证空气质量，其余墙壁通常是全隔墙，根据家人的需要，也会有半隔墙作为隔断的设计。从整体上看，厨房是属于一个围合起来的封闭空间，一方面，能够较好地保持干净整洁；另一方面，能够与其他空间间隔开来，减少不必要的进入行为（图 3-5-2）。

2. 开放式厨房

开放式厨房多适合宽敞的厨房空间，布局开放，与室内其他空间，如客餐厅合为一体，与室内装饰风格相辅相成，比起独立式更具有装饰性，厨房家具的选择也通常结合其他空间家具的色调材质。有条件的家庭，也会在开放式厨房的中心处设置独立的操作台，也称为岛台。岛台通常与灶台相邻，可以双线进行烹饪的操作，此外，岛台也可以作为吧台（图 3-5-3）。

三、厨房功能分区及常用家具电器布置要点

（1）厨房功能分区。（二维码 3-5-2）

厨房的功能一般满足以下四个分区：烹饪区、操作区、储藏区、清洗区。

（2）厨房常用家具电器布置以及要点。（二维码 3-5-3）

二维码3-5-1

二维码3-5-2

图3-5-2 独立式厨房

图3-5-3 开放式厨房

（3）典型的厨房平面布局示例（图3-5-4）。

思政要点： 在厨房设计中，可与中国橱柜品牌相结合，大力推进中国本土品牌的发展，也可与节能环保型装饰装修材料相结合，体现"以人为本"的思想。

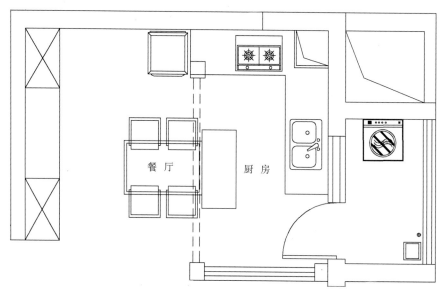

图3-5-4　典型厨房平面布局

知识拓展

一、厨房的设计方式

根据不同户型的厨房面积大小，通过不同的布局方法使厨房空间合理且便于使用，厨房以橱柜的布局方式作为其主要的设计效果，按照布局，分为一字型、双一字型、L型、U型以及岛型。厨房的布局方式。（二维码3-5-4）

二、厨房的照明及灯具

厨房的照明要从总体照明和局部照亮相搭配的方式来选择，避免亮度太低，看不清刀具而出现意外。厨房灯具的选择应以功能性为主。顶部中央装上嵌入式吸顶灯具或防水防尘的吸顶灯，突出厨房的明净感。在做精细复杂的家务，如配菜、做菜时，最好在工作区设置局部照明灯具。

三、厨房设计注意要点（二维码3-5-5）

岗课结合——任务实施

本任务实训是基于室内设计师岗位需求、全国技能大赛"建筑装饰技术应用"赛项"模块一：施工图深化设计"中的厨房设计而展开的。

图3-5-5 厨房效果图

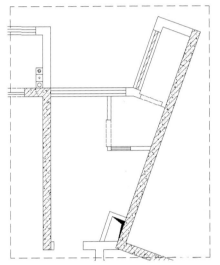

图3-5-6 厨房原始结构图

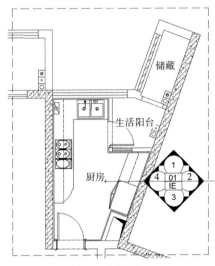

图3-5-7 厨房平面布置图

案例分析：参照提供的厨房效果图（图3-5-5），完成指定户型厨房空间的施工图深化设计（图3-5-6）。包括厨房平面布置图、地面铺装图、天花布置图、立面布置图。

重要操作步骤如下所述：

（1）参照提供的效果图，运用 CAD 软件完成平面图纸绘制，完成厨房平面布置图（图 3-5-7）。

（2）参照提供的效果图，运用 CAD 软件完成地面铺装图纸绘制，完成厨房地面铺装图（图 3-5-8）。

（3）参照提供的效果图，运用 CAD 软件完成天花布置图纸绘制，完成厨房天花布置图（图 3-5-9）。

（4）参照提供的效果图，运用 CAD 软件完成立面布置图纸绘制，完成厨房立面图（图 3-5-10—图 3-5-12）。

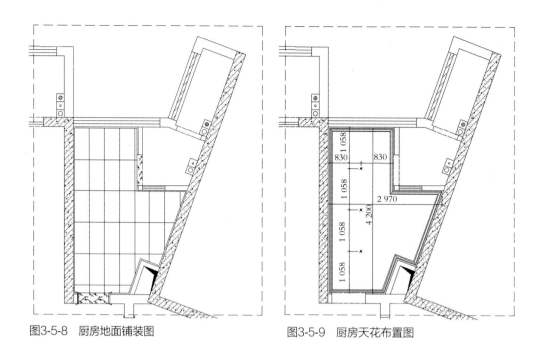

图3-5-8 厨房地面铺装图

1 058
830
830
1 058
2 970
4 200
1 058
1 058

图3-5-9 厨房天花布置图

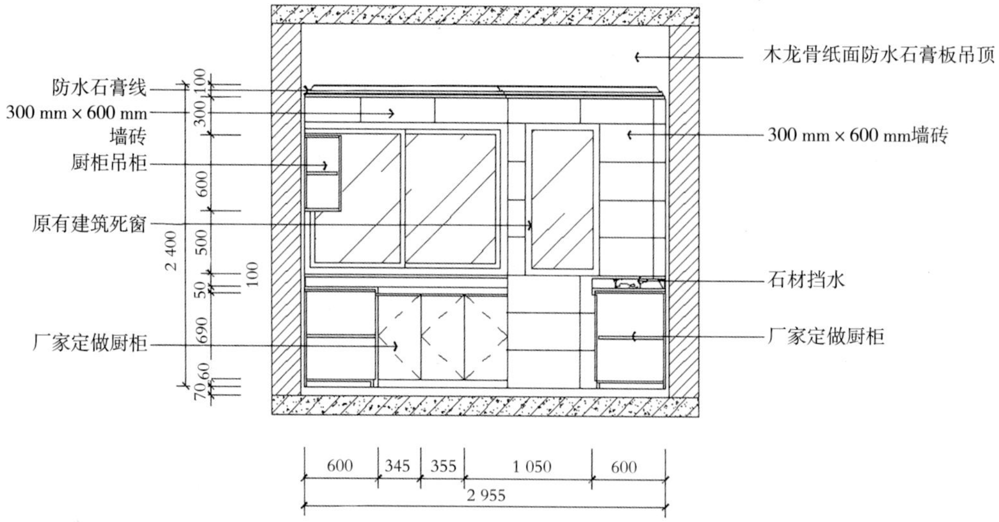

防水石膏线
300 mm × 600 mm
墙砖
厨柜吊柜
原有建筑死窗
厂家定做厨柜
木龙骨纸面防水石膏板吊顶
300 mm × 600 mm墙砖
石材挡水
厂家定做厨柜
100
300
600
500
50
690
60
70
100
2 400
600
345
355
1 050
600
2 955

图3-5-10 厨房立面图1

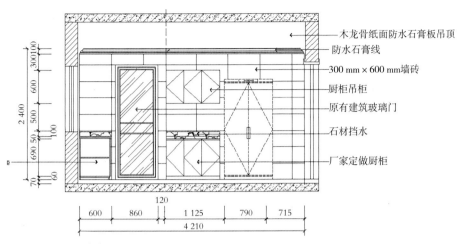

木龙骨纸面防水石膏板吊顶
防水石膏线
300 mm × 600 mm墙砖
厨柜吊柜
原有建筑玻璃门
石材挡水
厂家定做厨柜

图3-5-11　厨房立面图2

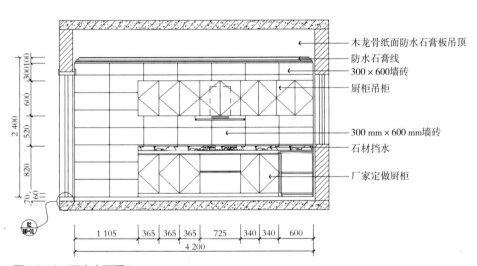

木龙骨纸面防水石膏板吊顶
防水石膏线
300 × 600墙砖
厨柜吊柜
300 mm × 600 mm墙砖
石材挡水
厂家定做厨柜

图3-5-12　厨房立面图3

实训演练

根据图 3-5-13 提供的厨房原始户型图，结合厨房的知识要点，完成厨房区域的方案设计。具体要求如下：

（1）结合居住空间的整体布局，运用 CAD 软件完成厨房空间的平面布置图、地面铺装图；

（2）结合厨房的照明及天花布置要点，运用 CAD 软件完成天花布置图；

（3）结合平面天花布置以及整体空间风格的统一性，运用 CAD 软件完成不少于两个面的立面图绘制。

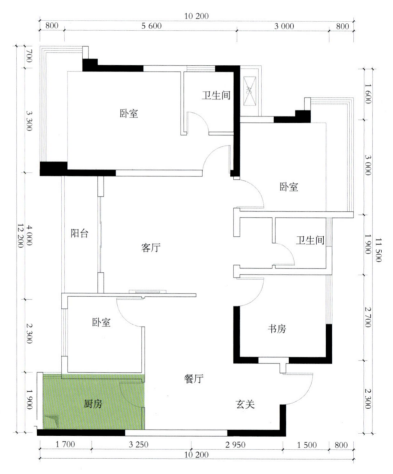

图3-5-13 厨房原始户型图

任务六 卫生间设计

结合卫生间的设计要点及常用家具布置，运用 CAD 软件完成卫生间的平面布置、地面铺装布置、天花布置、立面图绘制。本任务是基于室内设计师岗位需求、全国技能大赛"建筑装饰技术应用"赛项中模块一"施工图深化设计"、1+X 室内设计职业技能等级证书中考查的方案设计而展开的。

知识目标

了解卫生间的作用；

了解常见卫生间的种类；

了解卫生间的设计要点；

了解卫生间的家具布置及尺寸。

能力目标

能运用 CAD 软件对卫生间方案图纸进行合理绘制；

能对卫生间进行合理的功能分区；

能根据不同的空间结构进行卫生间设计；

能把握空间的整体风格，让卫生间设计更加符合审美与功能。

知识要点

卫生间是家居空间中必备的生活空间，它与家人平时洗澡、洗脸、刷牙、如厕等活动密切相关，也是家中最隐秘的地方。卫生间是大量用水的空间，做好防水防潮的工作尤其重要，同时，也要选择适合做清洁的材料装饰卫生间，避免积累脏污，滋生霉菌。从功能结构上看，如今的卫生间包括厕所、洗手间、洗浴等空间。在使用方面，主要有专用和公用之分，专用只用于主卧室，公用则供其他家人或客人使用（图 3-6-1）。

图3-6-1 小面积卫生间设计

一、卫生间的功能（二维码 3-6-1）

卫生间功能明确，主要提供家人日常的清洁与生理需求，根据其具体功能可分为盥洗功能、如厕功能、洗浴功能。

二、卫生间的分类

1.专用卫生间

专用卫生间通常与主卧室相连或并入主卧，只提供给主卧的家人使用，具有高度的私密性。同时，专用卫生间通常都会精心设计，各个功能分区完整齐备。卫生间的设计摆设更加贴切主人的私人需求，比如，主人专用的梳妆用品、洁具用品都会布置其中。因为与卧室相通，为避免湿气影响主卧，所以专用卫生间更注重干湿分区。例如，将洗手台做单独分区，马桶与浴室合为一个区域。

2.公用卫生间

公用卫生间是供主人以外的家庭成员和客人使用的卫生间，这类卫生间一般位于居室中较隐蔽的公共活动区，如走廊，通常靠近次卧或隐蔽拐角。公用卫生间主要满足基本的卫生间功能即可，通常还承担一定的家务清洁功能，如清洗拖把、清洗抹布等，除了洗手台外，还可以引入清洗水槽，方便家务活动清理器具（图 3-6-2）。

图3-6-2　主卧专用卫生间

三、卫生间常用家具电器布置要点

1.洗手台

洗手台因款式等原因，尺寸大都各不相同。在选择洗手台时，要先了解卫生间的空间面积是多少，它的布局是怎么样的，除了洗衣机、马桶、淋浴区等

二维码3-6-2

所占的空间，还能留下多少空间，再根据这个空间的大小来决定洗手台的尺寸。（二维码3-6-2）

2.便器

便器主要分为坐便器和蹲便器，马桶是典型的坐便设备，马桶的俯视落地面积大小为 700 mm×400 mm。所以，放一个马桶要留出 800 mm×1 280 mm 的空间。800 mm 是人坐着时伸展双腿较舒服的尺寸，1 280 mm 是坐着时身体向前倾的尺寸。安装马桶的理想高度为 360~410 mm，这样的高度比较适宜。

蹲便器的尺寸是长为 400~500 mm，宽为 200~350 mm，高为 200~250 mm。而安装尺寸要视卫生间的尺寸决定，一般距离墙面至少要 300 mm。有条件的家庭，还会在卫生间设置小便器，多为斗式或壁挂式，常用尺寸有 410 mm×330 mm 到 1 000 mm×900 mm 不等。

3. 浴缸

浴缸不仅有清洗作用，更能带来享受和放松的感受。浴缸的种类非常多，按照形状，可以分方形浴缸、圆形浴缸、扇形浴缸、椭圆形浴缸等；按照功能划分，浴缸可分为普通浴缸、坐泡式浴缸。不同的浴缸大小也有一定区别。浴缸常见高度为 700 mm，椭圆形与长方形浴缸通常有 1 500 mm、1 700 mm 两种标准尺寸，是家居常用浴缸类型。圆形和扇形浴缸占的空间更大，直径多在 1 500~2 000 mm，普通家庭少用，在别墅、酒店中更加常见。

4. 淋浴

淋浴通常用隔断围成淋浴房，要保证使用时身体能够自由转动不会碰撞到隔断，一般以 900 mm×900 mm 为宜，如果空间有限 850 mm×850 mm 也可，最好不要小于 800 mm×800 mm。隔断的高度多为 1 800 mm~2 000 mm，与花洒的位置相当，低了容易向外溅水，高了影响美观与透气性。

通常淋浴器安装时，它的花洒和龙头都是配套安装使用的。一般情况下，龙头距离地面高度为 700~800 mm，淋浴柱高度为 1 100 mm，龙头和淋浴柱接头之间的长度为 100~200 mm，花洒距地面高度为 2 000~2 200 mm。在淋浴器安装升降杆高度上，其上端高度比人身高多出 100 mm 左右即可。

5. 浴霸

选购浴霸时，要看其使用面积和浴室的高低来确定。市面上的浴霸主要有两个、三个和四个取暖灯泡的，其适用面积各不相同。一般以浴室在 2 600 mm 的高度来选择，两个灯泡的浴霸适合于 4 m² 的浴室，这主要是针对小型卫生间的老式楼房；四个灯的浴霸适合 6~8 m² 左右的浴室，这主要是针对现在的新式小区楼房家庭而言（图 3-6-3）。

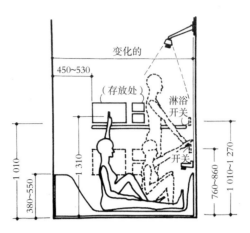

图3-6-3　淋浴和浴缸的人体工学尺度

四、典型的卫生间平面布局示例（图 3-6-4）

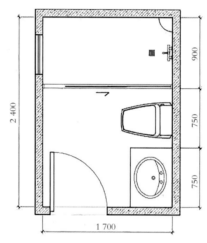

图3-6-4　典型卫生间平面布局

　　思政要点：思考如今人口老龄化的背景下如何合理设计卫生间，体现"以人为本"的设计观。

二维码3-6-3

知识拓展

一、卫生间的设计方式

　　根据不同户型的卫生间面积大小、不同的布局方法设计卫生间空间，其目的要求保证家人的日常方便使用，按照类型分为兼容型、折中型、独立型三类。卫生间的设计分类（二维码 3-6-3）。

二、卫生间的照明及灯具

　　卫生间照明设计可分为两部分：一部分是净身空间照明，另一部分是脸部整理照明。净身空间包括洗浴空间和如厕空间，该处对照明的要求不高，只要保证光线均匀、亮度不要太刺眼就可以了。脸部整理空间主要是指洗手台区域，此处一般安装有镜子，居住者会在此进行洗脸、刷牙、化妆等脸部整理活动。此处对光源的显色指数要求较高，不仅要求光线明亮不刺眼，还要求光线色泽要与自然光线相仿。另外，脸部整理空间对光线角度也有较高要求，要将脸部全方位照亮，不能一边亮、一边暗。

二维码3-6-4

三、卫生间设计注意要点（二维码 3-6-4）

岗课赛融合——实训操作

　　本任务实训是基于室内设计师岗位需求、全国技能大赛"建筑装饰技术应用"赛项"模块一：施工图深化设计"中的卫生间设计而展开的。

　　案例分析：参照提供的卫生间效果图（图 3-6-5），完成指定户型卫生间空间的施工图深化设计（图 3-6-6）。包括卫生间平面布置图、地面铺装图、天花布置图、立面布置图。

　　重要操作步骤如下所述：

　　（1）参照提供的效果图，运用 CAD 软件完成平面图纸绘制，完成卫生间平面布置图（图 3-6-7）。

　　（2）参照提供的效果图，运用 CAD 软件完成地面铺装图纸绘制，完成卫生间地面铺装图（图 3-6-8）。

　　（3）参照提供的效果图，运用 CAD 软件完成天花布置图纸绘制，完成卫生间天花布置图（图 3-6-9）。

图3-6-5　卫生间效果图

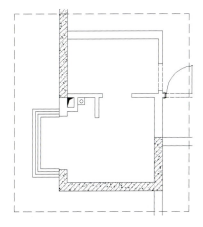

图3-6-6　卫生间原始户型图

（4）参照提供的效果图，运用 CAD 软件完成立面布置图纸绘制，完成卫生间立面图（图 3-6-10—图 3-6-12）。

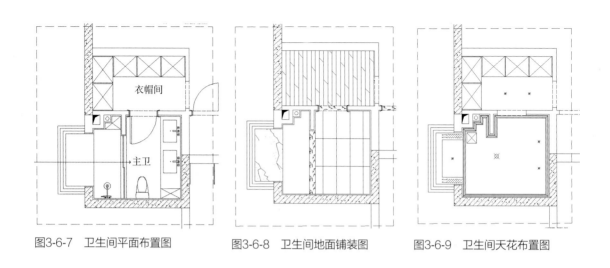

图3-6-7 卫生间平面布置图   图3-6-8 卫生间地面铺装图   图3-6-9 卫生间天花布置图

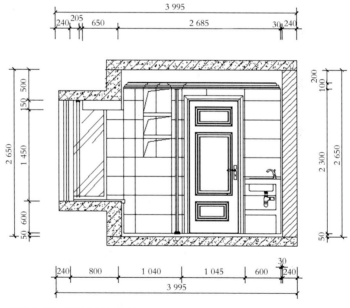

图3-6-10 卫生间立面图1

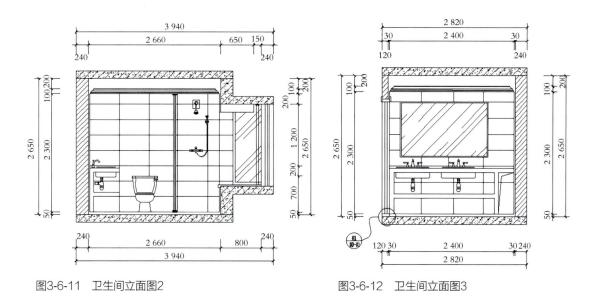

图3-6-11 卫生间立面图2

图3-6-12 卫生间立面图3

实训演练

根据下图提供的卫生间原始户型图（图3-6-13），结合卫生间的知识要点，完成卫生间区域的方案设计。具体要求如下：

（1）结合居住空间的整体布局，运用CAD软件完成卫生间空间的平面布置图、地面铺装图。

（2）结合卫生间的照明及天花布置要点，运用CAD软件完成天花布置图。

（3）结合平面天花布置以及整体空间风格的统一性，运用CAD软件完成不少于两个面的立面图绘制。

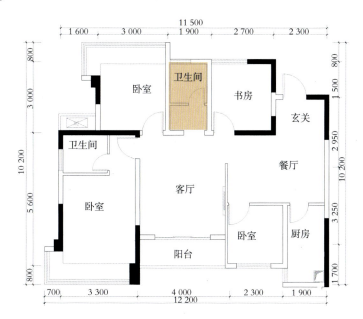

图3-6-13 卫生间原始户型图

任务七　多功能房设计

结合多功能房的设计要点及常用家具布置，运用 CAD 软件完成多功能房的平面布置、地面铺装布置、天花布置、立面图绘制。本任务是基于全国技能大赛"建筑装饰技术应用"赛项中模块一"施工图深化设计"、1+X 室内设计职业技能等级证书（中级）中考查的方案设计而展开的。

了解多功能房的作用；

了解多功能房设计的要点；

了解多功能房的家具布置及尺寸。

能掌握各个功能需求的平面布置尺寸；

能对多功能房进行合理的功能分区；

能运用 CAD 软件对玄关方案图纸进行合理绘制；

能把握空间的整体风格，让多功能房与其他空间更好地融入。

现代住宅不再是仅仅满足基本的居住要求——睡眠、就餐等功能，而是越来越重视其他功能的完善。多功能房主要是为了满足居住者的不同功能需求，围绕书房、影音、健身、茶室、衣帽间、儿童房等多个功能需求进行设计。

在进行设计前，需要与客户进行详细的沟通，清晰地定位客户的功能需求，把握各类功能区的平面布局，合理地利用功能房的每个区域；掌握定制家具的尺寸和绘制方法，以便在房间内布局灵活多变的定制家具；对多功能房进行一个长期规划，根据客户家庭情况为其量身定制每个阶段的平面布局方案，达到空间的灵活运用。

一、多功能房的定义与作用

多功能房是指一个房间具备多个使用功能，比如，这个房间既满足睡觉、储物的基本功能，同时，也兼顾书房、茶室、影音、玩耍等其他功能。多功能房设计就是为了满足人们不同的功能需求，从而完善整个住宅的功能布局，营造更加舒适实用的居住环境。

由于国内住宅大都受面积制约，除了满足基本的卧室布局外，大多数家庭没有一个多余的房间来设置成单独的书房或茶室，随着物质生活的提高，人们越来越重视精神需求，多功能房就能够兼顾不同的功能需求，在室内设计中也越来越普遍（图 3-7-1）。

二、多功能房的分类

由于每个家庭对功能的需求不一样，通过房间的主要功能进行分类，大致分为以下两类：

（1）以书房为主：房间以书房的基本功能作为主要功能，比如，房间内包括书桌椅、书柜，同时，还兼顾休息、会客等其他功能（图 3-7-2）。除了纯粹的阅读与办公，人们更倾向多元化的生活方式，很多休闲与娱乐的功能也逐渐融入多功能房中。

（2）以卧室为主：房间首先要满足睡眠休息的功能，其次，还要有衣柜、书桌椅、书架等家具配置。这个多功能房间既能用来办公、阅读和休闲娱乐，也可以作为客人留宿的卧室，充分满足了不同时间段的需求（图 3-7-3）。这种以卧室为主、书房为辅的多功能房也是现在很多家庭的儿童房布局的首选，空间利用率高，功能完善。

三、以书房为主的多功能房的基本要素与尺寸

在进行设计前，我们需要了解各个功能区的尺度，掌握各功能区家具的尺寸。

1.书柜

书房主要家具包括书桌、椅、书柜。书柜是书房的核心设施，以收纳书籍为主要功能，也可陈列和展示纪念品、收藏品等。书架的厚度为 300~400 mm，一般都是靠墙摆放，高度由书房的层高而定。书架的长度和体量要参考房间墙面的长度，根据客户的藏书量设计，同时，还要考虑以后新增书籍的摆放（图 3-7-4）。

2.书桌椅

书桌与椅子也是书房的重要组成部分，书桌的高度为 710~760 mm，宽度为 610~760 mm，椅子的高度为 400~500 mm（图 3-7-5）。书桌的长度根据书房的大小以及所需的设备而定，同时，也要参考书桌使用人数。书桌的造型有简单的"一"字形，也有"L"形的转角书桌或者异形书桌。在选择书桌样式时，

图3-7-1 多功能房

图3-7-2 以书房为主的多功能房

图3-7-3 以卧室为主的多功能房

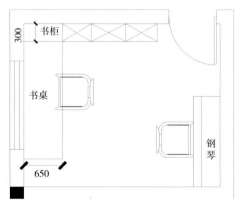

图3-7-4 书柜的尺寸

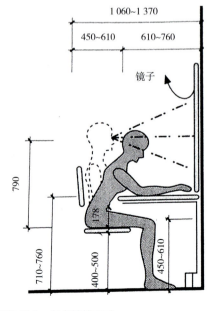

图3-7-5 书桌椅的尺寸

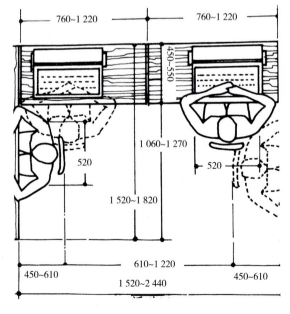

图3-7-6 单人桌面操作尺寸

尽量选择桌面利用率较高的，能提高办公效率和舒适性。在设计双人或多人书桌时，要考虑单人的桌面操作距离为 760~1 220 mm，避免出现相互拥挤的情况（图 3-7-6）。

3. 其他休闲设施

书房还可以增加一些其他功能，如休息区，摆放两人位的休闲沙发或者沙发床，两人位的沙发尺寸在 1 460~1 720 mm（图 3-7-7）。或者单人沙发配上落地灯和边几，营造出温馨的读书氛围。

4. 布局特点

多功能房的大小相比正常尺寸的卧室小很多，所以在布局上要充分利用有限空间。书柜体积大靠墙摆放，书桌在房间中间的布局比较适合独立的书房（图3-7-8），书桌选择靠墙或者靠窗，能够利用多余的空间布置成休闲区、影音区等（图 3-7-9、图 3-7-10）。

图3-7-7 书房休闲区

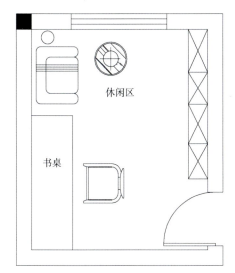

图3-7-8 书桌居中

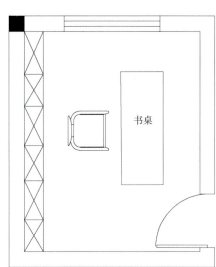

图3-7-9 书桌靠墙

图3-7-10　休闲区

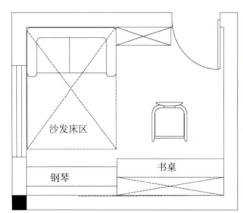

图3-7-11　沙发床布局

图3-7-12　沙发床参照效果

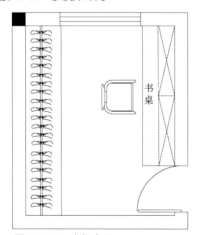

图3-7-13　衣柜布局

图3-7-14　衣柜布局参照效果

图3-7-15　地台储物空间

图3-7-16　"榻榻米+书桌"布局

二维码3-7-1

二维码3-7-2

二维码3-7-3

二维码3-7-4

　　多功能房除了摆设休闲椅外，还可以摆设沙发床，平时作为沙发，需要时展开成 1.5 m×2 m 左右的双人床，既增加了休闲区，也满足了临时客房的需求（图 3-7-11、图 3-7-12）。

　　多功能房还可以增加衣柜，变成兼具衣帽间功能的房间。衣柜一般的宽度为 550 mm~600 mm，靠墙摆放。这样的布局弥补了其他卧室衣物储存量不够的情况，同时，也保留了办公的需求。书桌还可以分割一部分作为化妆台，增加了功能的多样性（图 3-7-13、图 3-7-14）。

四、以榻榻米为主的多功能房的基本要素与尺寸

　　榻榻米家具利用抬高的地台空间作为床铺或者休闲区域，地台下面增加储物柜，收纳功能强大，占地面积小，再结合衣柜和书桌的布局，可以达到一房多用的效果（图 3-7-15）。"榻榻米 + 书桌"的布局让空间利用紧凑合理，让房间看起来宽敞有余，五脏俱全（图 3-7-16）。

1.榻榻米的尺寸（二维码3-7-1）

2.榻榻米布局特点

　　（1）床的位置靠窗靠里摆放（二维码 3-7-2）

　　（2）书桌跟衣柜在一面墙（二维码 3-7-3）

　　（3）预留出整块的活动区域（二维码 3-7-4）

　　思政要点：在多功能房设计中，设计者需要思考不同人群不同阶段的需求，具体问题具体分析，才能完成分阶段、可调整的功能房布局，可结合创新意识进行讲授。

知识拓展

多功能房的设计要点（二维码 3-7-5）

岗课赛证融合——实训操作

本任务实训是基于室内设计师岗位需求、全国技能大赛"建筑装饰技术应用"赛项"模块一：施工图深化设计"中的客厅设计和1+X室内设计职业技能等级证书中考查的多功能房方案设计内容而展开的。

本任务参照提供的多功能房效果图（图3-7-17），完成指定户型多功能房图3-7-18的施工图深化设计。包括平面布置图、地面铺装图、天花布置图、立面布置图。

重要操作步骤如下所述：

（1）参照提供的效果图和原始框架图，运用CAD软件完成平面图纸绘制，完成多功能房平面布置图（图3-7-19）。

图3-7-17　多功能房效果图

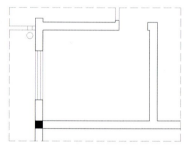

图3-7-18　原始框架图

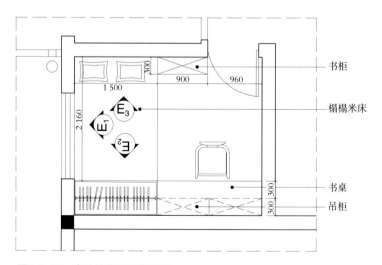

图3-7-19　多功能房平面布置图

（2）参照提供的效果图，运用 CAD 软件完成地面铺装图纸绘制，完成多功能房地面铺装图（图 3-7-20）。

（3）参照提供的效果图，运用 CAD 软件完成天花布置图纸绘制，完成多功能房天花布置图（图 3-7-21）。

（4）参照提供的效果图，运用 CAD 软件完成立面布置图纸绘制，完成多功能房立面图（图 3-7-22—图 3-7-24）。

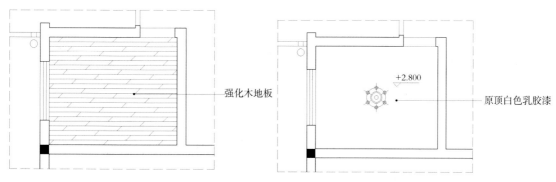

图3-7-20 多功能房地面铺装图　　　　图3-7-21 多功能房天花布置图

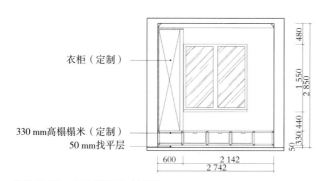

图3-7-22 多功能房E_1立面图

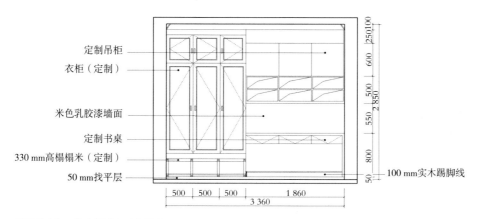

图3-7-23 多功能房E_2立面图

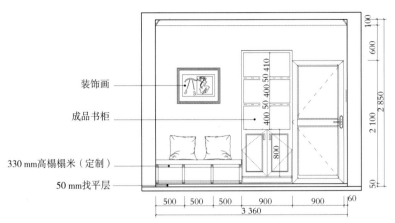

装饰画

成品书柜

330 mm高榻榻米（定制）

50 mm找平层

图3-7-24　多功能房E₃立面图

实训演练

根据下图提供的多功能房原始户型图（图 3-7-25），结合多功能房的知识要点，完成多功能房区域的方案设计。具体要求如下：

（1）结合居住空间的整体布局，运用 CAD 软件完成多功能房空间的平面布置图、地面铺装图。

（2）结合多功能房的照明及天花布置要点，运用 CAD 软件完成天花布置图。

（3）结合平面天花布置以及整体空间风格的统一性，运用 CAD 软件完成不少于两个面的立面图绘制。

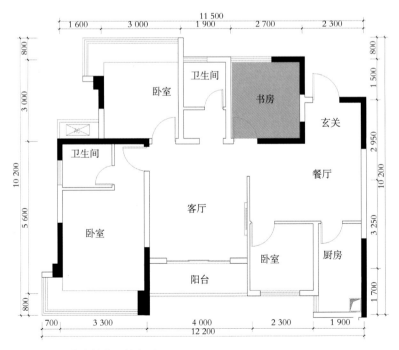

图3-7-25　多功能房原始户型图

任务八 阳台设计

任务描述

结合阳台的设计要点及常用家具布置，运用 CAD 软件完成阳台的平面布置、地面铺装布置、天花布置、立面图绘制。本任务是基于全国技能大赛"建筑装饰技术应用"赛项中模块一"施工图深化设计"、1+X 室内设计职业技能等级证书中考查的方案设计而展开的。

知识目标

了解阳台的作用；

了解常见阳台的分类；

了解阳台的设计要点；

了解阳台的家具布置及尺寸。

能力目标

能运用 CAD 软件对阳台方案图纸进行合理绘制；

能对阳台进行合理的功能分区；

能根据不同的空间结构进行玄关设计；

能把握空间的整体风格，让阳台与其他空间更好地融入。

知识要点

阳台将自然光和空气引入室内，是室内获得通风和采光的媒介，是室内空间的向外延伸。阳台对于居住空间来说是必不可少的部分，是唯一可以与外界的自然环境发生交流的空间，也是人们完善生活功能的场所，同时，也能满足居住者休闲娱乐的需求。

现代生活中对阳台的功能需求也越来越高，首先，要满足日常生活的基本功能，比如，洗衣晾晒、储物清洁等，还要提供更多的休闲功能，还要有一定的花草景观，丰富居住者的生活。在对阳台进行设计前，需要规划好各类阳台的使用功能，掌握各类阳台家具的尺寸，在有限的阳台空间进行合理的布局。

一、阳台的功能与分类

阳台是室内空间的户外延伸，是家中空气与采光最好的区域。阳台要满足

图3-8-1　室内阳台

二维码3-8-1

最基本的生活需求：洗衣晾晒、储物、清洁等，为家居生活提供完善的生活设施。其实，阳台不仅能满足这些简单功能，通过精心设计、改造，还能为居住者提供更多的休闲功能，也可以种植植物，使居住者享受良好的景观环境（图3-8-1）。

在建筑结构上，阳台一般分为外凸的悬挑式阳台、内凹的嵌入式阳台，以及转角式阳台。从功能上看，现代住宅一般会设计两个阳台，一个是生活阳台，一个是景观阳台。通常与客厅相连的是景观阳台，与厨房或餐厅相连的是生活阳台。（二维码3-8-1）

二、生活阳台的设计要素与布置要点

1. 洗衣区

日常生活中，洗衣晾衣是必不可少的，洗衣区包括洗衣机、烘干机、洗手盆这些基本设施。洗衣机的尺寸与烘干机尺寸一样，长宽在 60 cm×60 cm 左右，高度 85 cm 左右（图 3-8-2）。阳台安装洗手盆，是为了方便日常手洗一些清洁物品或者贴身衣物，单个洗手盆可以参考浴室柜的高度为 75~85 cm，宽度可以根据尺寸调整在 40~80 cm。

洗衣机可以采用嵌入式洗衣机柜，嵌入柜体的洗衣机，合理利用空间，并且让洗衣机免受阳光的直晒，在布局上还能与洗手盆柜体相连，做成一体式的洗衣区（图 3-8-3）。一体式洗衣柜一般选择滚筒洗衣机，侧开门的方式更方便，台面还能存放东西，美观又实用。

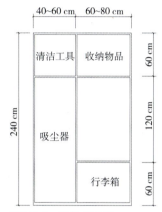

图3-8-2 洗衣机尺寸　　图3-8-3 一体式洗衣柜

图3-8-4 整体收纳柜　　图3-8-5 收纳柜内部

2. 储物

生活阳台有许多需要收纳的清洁物品和工具，储物柜是生活阳台必不可少的部分。储物柜有整面墙的收纳柜，也有跟洗衣机柜结合收纳柜，柜体的宽度在 40~60 cm（图 3-8-4）。整体储物柜除了可以收纳吸尘器等清扫物品外，还可以收纳行李箱、大衣以及换季的被褥等物（图 3-8-5）。

3. 晾衣区

晾晒衣物也是阳台的一个基本功能，因此，阳台的晾衣杆安装，也是不可或缺的。晾衣架可以选择电动晾衣杆或者手动晾衣杆，安装了烘干机，同样也可以安装晾衣杆，方便晾晒一些衣服和物品。

4. 生活阳台布置要点（二维码3-8-2）

二维码3-8-2

二维码3-8-3

三、景观阳台的设计要素与布置要点（二维码 3-8-3）

思政要点： 高空抛物现象有数据表明：一个 30 g 的蛋从 4 楼抛下来，就会让人起肿包；从 8 楼抛下来，就可以让人头皮破损；从 18 楼高甩下来，就可以砸破行人的头骨；从 25 楼抛下，可使人当场死亡。2019 年 11 月，最高人民法院印发《关于依法妥善审理高空抛物、坠物案件的意见》，明确对于故意高空抛物者，根据具体情形按照以危险方法危害公共安全罪、故意伤害罪或故意杀人罪论处，同时，明确物业服务企业责任。我们不能忽视阳台的安全问题，阳台上的花盆、材料、工具、家具等最好固定在阳台上，以免发生跌落的情况。

二维码3-8-4

知识拓展

阳台的设计原则（二维码 3-8-4）

岗课赛结合——实训分析

本任务实训是基于室内设计师岗位需求居住空间阳台设计、全国室内装饰设计业职业技能竞赛实操部分内容而展开的。

本任务参照提供的阳台图（图 3-8-6），完成指定户型阳台的施工图深化设计（图 3-8-7）。包括平面布置图、地面铺装图、天花布置图、立面布置图。

重要操作步骤如下所述：

（1）参照提供的效果图，运用 CAD 软件完成平面图纸绘制，完成阳台平面布置图（图 3-8-8）。

（2）参照提供的效果图，运用 CAD 软件完成天花布置图与地面铺装图纸绘制，完成阳台天花布置图与地面铺装图（图 3-8-9）。

图3-8-6　阳台效果图

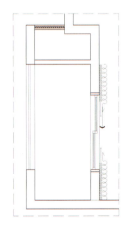

图3-8-7　阳台原始框架图

（3）参照提供的效果图，运用 CAD 软件完成立面布置图纸绘制，完成阳台立面图（图 3-8-10、图 3-8-11）。

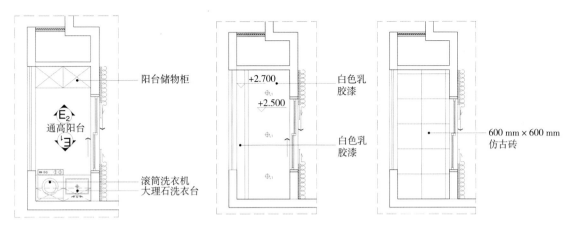

图3-8-8　阳台平面布置图　　　　　　图3-8-9　阳台天花布置图与地面铺装图

图3-8-10　阳台E₁立面图　　　　　　图3-8-11　阳台E₂立面图

实训演练

根据下图提供的阳台原始户型图（图3-8-12），结合阳台的知识要点，完成阳台区域的方案设计。具体要求如下：

（1）结合居住空间的整体布局，运用CAD软件完成阳台空间的平面布置图、地面铺装图；

（2）结合阳台的照明及天花布置要点，运用CAD软件完成天花布置图；

（3）结合平面天花布置以及整体空间风格的统一性，运用CAD软件完成不少于两个面的立面图绘制。

图3-8-12　阳台区原始图

综合实训演练

根据指导教师提供的某住宅建筑平面户型图，结合模块二综合实训演练的功能分区及平面布置图，完成各功能区的方案深化设计图。具体要求如下：

（1）运用CAD软件，完成整个方案的平面布置及尺寸定位图、立面索引图；

（2）运用CAD软件，完成居住空间的地面铺装图；

（3）运用CAD软件，完成居住空间天花布置图；

（4）运用CAD软件，完成居住空间的重要立面图（包含客厅、餐厅、卧室立面各两张）；

（5）运用手绘或三维绘图软件，完成重要空间不少于3张效果图表现。

模块四｜施工图设计

任务描述

结合居住空间方案设计的内容及墙面装修设计要点、天花设计要点及吊顶形式的掌握、门窗套、踢脚线的材料及施工工艺的掌握，完成居住空间的施工图绘制，包含墙面详图绘制、天花大样绘制、门窗大样绘制、踢脚线绘制。本模块任务是基于室内设计师工作岗位需求及全国技能大赛"建筑装饰技术应用"赛项中模块一"施工图深化设计"、1+X 室内设计职业技能等级证书中考查的方案设计而展开的。

学习目标

能对目前市面上的墙面装饰材料及施工工艺有所掌握；能运用绘图软件，完成各装饰立面和剖面的详图绘制；

能对天花的结构及材料进行掌握，并能运用 CAD 软件完成轻钢龙骨、木龙骨天花吊顶的大样图绘制；

对门窗套的作用、分类、常见做法及尺寸、大样绘制要点有所掌握，能运用 CAD 软件参照指定效果图，完成门窗大样的绘制；

能对踢脚线和过门石的作用、分类及常见做法及尺寸、绘制要点有所掌握，能运用 CAD 软件参照指定效果图，完成其施工大样图的绘制。

任务一 装饰墙面详图绘制

任务描述

结合装饰墙面的材料种类以及墙面常用的材料乳胶漆、石材、艺术墙纸、饰面板、玻璃的施工工艺，运用CAD软件完成指定效果图墙面的详图绘制，包括平面图、剖立面图、节点大样图的表现。本任务是基于室内设计师岗位需求居住空间中的重要墙面详图绘制、全国技能大赛"建筑装饰技术应用"赛项中模块一"施工图深化设计"装饰墙面详图绘制、1+X室内设计职业技能等级证书（中级）中的施工图深化设计而展开的。

知识目标

掌握装饰墙面的材料种类；

掌握乳胶漆、石材、艺术墙纸、饰面板的施工工艺。

能力目标

能运用CAD软件对各种装饰立面及剖面进行绘制；

能掌握乳胶漆、石材、艺术墙纸、饰面板的施工工艺流程，并能将这些材料合理地运用于室内空间设计中。

知识要点

一、装饰墙面的材料种类

装修墙面主要作用是保护墙体，满足室内使用功能要求，比如，防潮、吸声等。同时，给人们提供美观、整洁而舒适的生活环境。用于墙体的装修材料种类较多，常见的主要有贴砖类、涂刷类、石材饰面、木饰面、墙纸、硬包与软包装饰墙等（图4-1-1、图4-1-2）。根据室内的风格特点选择合适的材料，既能够保护墙面，还能凸显出室内的装饰特色，达到事半功倍的效果。

二、常用墙面装饰材料施工工艺

1.乳胶漆施工工艺

乳胶漆是一种水性涂料，又称合成树脂乳液涂料，根据产品适用环境不同，可以分为内墙和外墙乳胶漆两种。乳胶漆是因施工方便、安全、耐水性好、透气性佳、耐洗刷等优点被广泛应用于住房建筑涂料中。

图4-1-1　墙纸饰面

图4-1-2　石材与木饰面

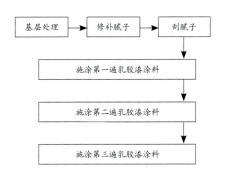

图4-1-3　乳胶漆施工流程

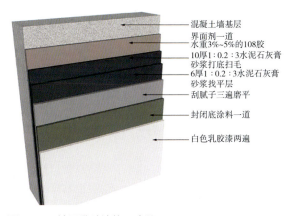

图4-1-4　墙面乳胶漆施工步骤

图 4-1-5　墙面乳胶漆施工详图

（1）乳胶漆施工主要流程

基层处理——修补腻子——刮腻子——施涂乳胶漆涂料（图 4-1-3）

（2）乳胶漆施工步骤（二维码 4-1-1）

（3）乳胶漆施工详图（图 4-1-4、图 4-1-5）

2. 石材施工工艺

我们一般将石材施工常用的方法分为湿贴、湿挂、干挂、干贴这四种方法。

（1）湿贴法（二维码 4-1-2）

（2）湿挂法

湿挂法是采用墙面加钢筋网片，用铜丝固定板材，分层灌注水泥沙浆粘贴的工艺。因为湿挂法需要将水泥砂浆分层灌注在石材与墙面的中间，所以这种方式费工费料成本高，容易造成空鼓返碱的现象，但安全性较高，多用于室外，室内墙面使用较少（图 4-1-6 — 图 4-1-8）。

二维码4-1-1

二维码4-1-2

图4-1-6 湿挂法

图4-1-7 湿挂石材

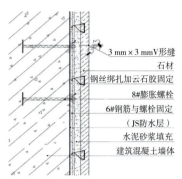

3 mm×3 mmV形缝
石材
钢丝绑扎加云石胶固定
8#膨胀螺栓
6#钢筋与螺栓固定
（JS防水层）
水泥砂浆填充
建筑混凝土墙体

图4-1-8 石材湿挂施工图

图4-1-9 干挂法

（3）干挂法

干挂法是用金属挂件将石材直接吊挂于墙面或空挂在钢架上，其原理是通过金属挂件或钢架作为主要受力点，将石材固定在建筑物上。干挂的做法安全性能高，各种构件和钢架占地面积较多，比较浪费空间，造价较高，多用于室内大空间的大面积石材安装（图4-1-9—图4-1-12）。

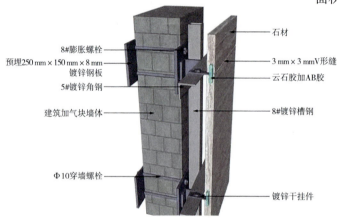

8#膨胀螺栓
预埋250 mm×150 mm×8 mm
镀锌钢板
5#镀锌角钢
建筑加气块墙体

Φ10穿墙螺栓

石材
3 mm×3 mmV形缝
云石胶加AB胶
8#镀锌槽钢
镀锌干挂件

图4-1-10 干挂石材

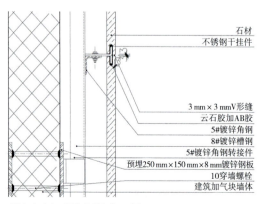

石材
不锈钢干挂件

3 mm×3 mmV形缝
云石胶加AB胶
5#镀锌角钢
8#镀锌槽钢
5#镀锌角钢转接件
预埋250 mm×150 mm×8 mm镀锌钢板
10穿墙螺栓
建筑加气块墙体

图4-1-11 石材干挂施工图

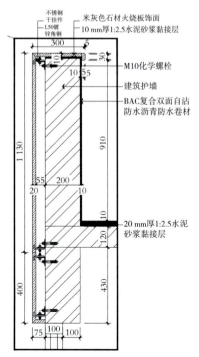

不锈钢
干挂件
L50镀
锌角钢
米灰色石材火烧板饰面
10 mm厚1:2.5水泥砂浆黏接层
M10化学螺栓
建筑护墙
BAC复合双面自沾防水沥青防水卷材

20 mm厚1:2.5水泥砂浆黏接层

图4-1-12 干贴石材饰面

干挂法施工流程：

清理基层→弹线分块→安装钢架→安装膨胀螺栓→连接件安装→石材安装→嵌缝、清洁。

（4）干贴法

干贴法是指用干粉型结构胶作为粘贴材料，基层为水泥类材料或其他材料打底，再粘贴石材的做法（图4-1-13）。在基层不能沾水的情况下，只能使用干粘法，施工快，不占空间。与湿贴法相比，干贴法使用的结构胶黏力更强，不容易出现空鼓和返碱现象，但是价格高，只能在高度小于3.5 m的空间使用，所以多使用在小面积墙面和固定家具上。

3.木做施工工艺（二维码4-1-3）

4.墙纸、墙布施工工艺

墙纸与墙布的施工工艺与涂料工艺的基层处理一致，待基层干燥后，刷封闭基膜。施工时，先进行墙面弹线，再计算用料和裁切壁纸，发泡壁纸在刷胶前需要浸水，壁

图4-1-13　干贴法

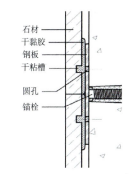

图4-1-14　干贴法剖面

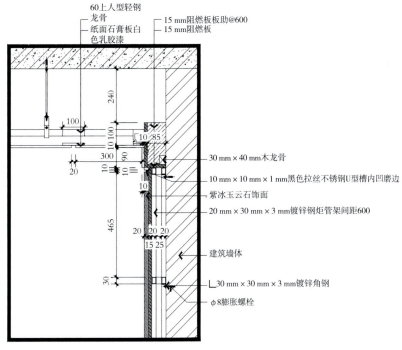

图4-1-15　石材饰面图

二维码4-1-3

纸充分展开后，再进行刷胶处理。刷胶时，需要在墙面和壁纸背面同时刷胶，刷胶不宜太厚，应均匀一致（图4-1-16、图4-1-17）。

5.硬包、软包施工工艺（二维码4-1-4）

6.镜面造型饰面

镜面玻璃常用的厚度为4~5 mm，玻璃的固定方法是在玻璃上钻孔，用镀铬螺钉、铜螺钉把玻璃固定在木骨架和衬板上，然后，用压条压住玻璃，用环氧树脂把玻璃粘在衬板上。安装玻镜的工艺流程为：基层处理→立筋→铺钉衬板→镜面切割→镜面钻孔→镜面固定（图4-1-18—图4-1-20）。

思政要点：室内施工是室内设计中的重要部分，每项施工工艺都需要理论知识结合实践经验，施工详图的绘制也离不开施工现场的勘察与学习。结合精益求精的工匠精神，一丝不苟的工作态度展开讲解。

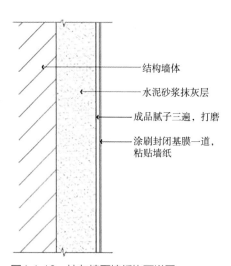

图4-1-16 抹灰墙面墙纸饰面详图

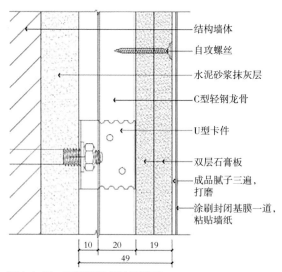

图4-1-17 石膏板墙纸饰面详图

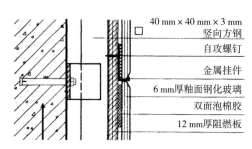

图4-1-18 镜面饰面竖剖图

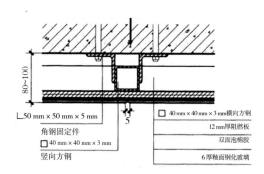

图4-1-19 镜面饰面横剖图

知识拓展

室内施工流程分为以下几个阶段：（二维码 4-1-5）

岗课赛证融合——案例分析

本任务是基于室内设计师岗位需求居住空间中的重要墙面详图绘制、全国技能大赛"建筑装饰技术应用"赛项中模块一"施工图深化设计"装饰墙面详图绘制、1+X室内设计职业技能等级证书（中级）中的施工图深化设计而展开的。

对以下提供的书房效果图（图 4-1-21），完成红色框选区书架详图绘制（图 4-1-22—图 4-1-24）。

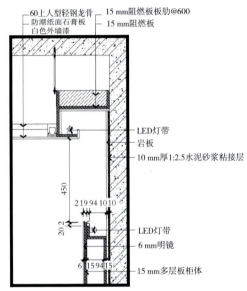

图4-1-20 镜面造型饰面

二维码4-1-5

图4-1-21 书房效果图

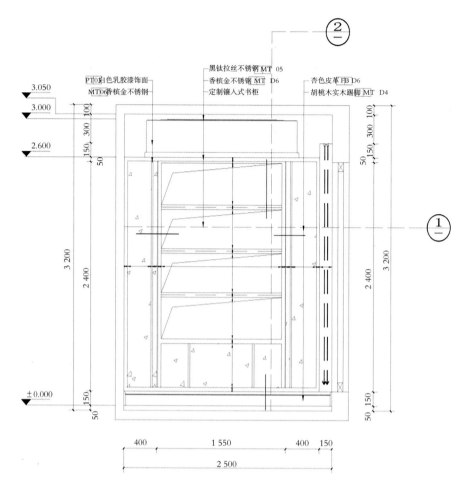

图4-1-22 书房剖立面图绘制

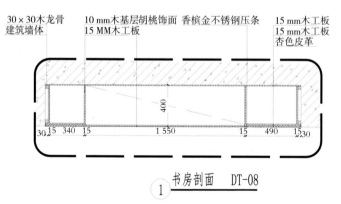

图4-1-23 剖切面详图绘制

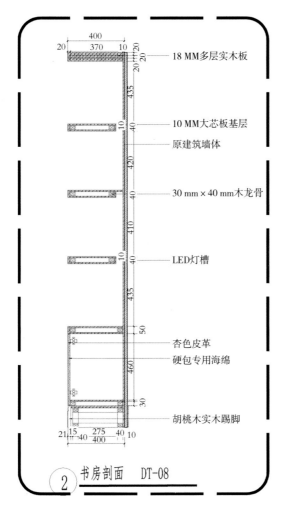

400
20　370　10
20　20

18 MM多层实木板

435

10　40

10 MM大芯板基层

原建筑墙体

420

40

30 mm×40 mm木龙骨

410

10　40

LED灯槽

435

50

杏色皮革

硬包专用海绵

460

30

胡桃木实木踢脚

21　15　275　40　10
40　400

② 书房剖面　DT-08

图4-1-24　剖切面详图绘制2

实训演练

　　根据下图提供的平面布置图，天棚布置图、地面布置图以及装饰效果图，结合各种材料的工艺要点，完成相应的剖面详图绘制。具体要求如下：

　　（1）结合模块三中的任务二客厅设计的效果图、立面图、平面布置图、天棚布置图，完成以下剖面绘制详图 A（图 4-1-25、图 4-1-26）。

　　（2）结合模块三中的任务三餐厅设计的效果图、立面图、平面布置图、天棚布置图，完成以下剖面绘制详图 A。

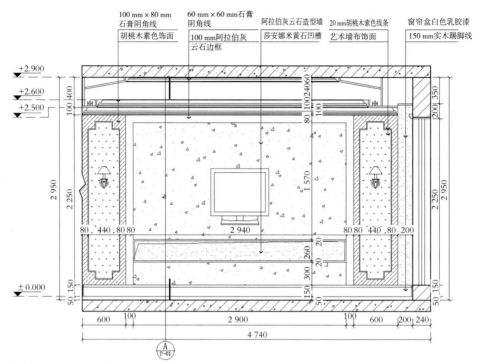

图 4-1-25　客厅剖立面

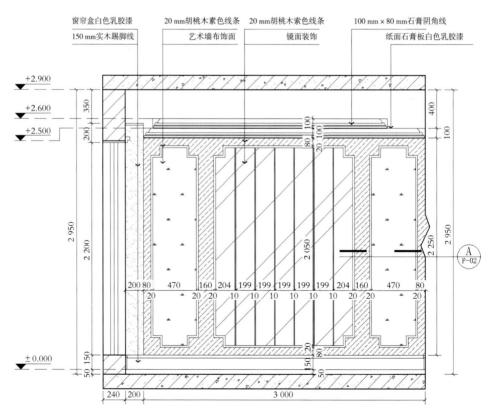

图4-1-26　餐厅剖立面

任务二　天花大样绘制

任务描述

结合天花的设计要点及常见吊顶样式，运用 CAD 软件完成天花大样图绘制。本任务是基于全国技能大赛"建筑装饰技术应用"赛项中模块一"施工图深化设计"、1+X 室内设计职业技能等级证书(中级)中考查的方案设计而展开的。

知识目标

了解天花吊顶的作用；

掌握常见天花吊顶的分类；

掌握天花吊顶的常见做法及尺寸；

掌握天花大样的绘制要点。

能力目标

能运用 CAD 软件根据 CAD 天花吊顶图进行大样图纸绘制；

能运用 CAD 软件根据天花吊顶图效果图进行大样图纸绘制；

能在天花大样绘制中准确说明吊顶材质；

能在天花大样绘制中正确体现常见做法尺寸。

知识要点

天花吊顶图大样指对天花吊顶图大样设计中一些细部的重点放大交待。常以原本（或接近）的比例在图纸中体现，俗称大样图。有时节点图的比例按 1 ∶ 5 或（1 ∶ 10）的大小出现时，也可称为节点大样。这些大样图用以更加准确地指导装饰公司进行预决算和施工方准确施工（图 4-2-1）。

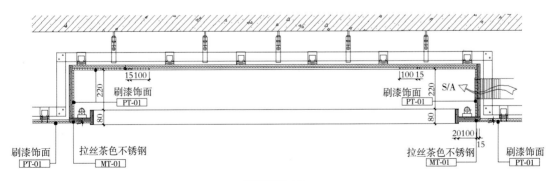

图4-2-1　天花大样绘制

一、天花吊顶的作用

1. 天花吊顶的遮掩作用

随着科学技术水平的进步，各种电气、通信等设备日益增多，室内空间的装饰要求也趋向多样化，相应的设备管线也大大增加。吊顶为这些设备管线的安装提供了良好的条件，它可以将许多外露管线隐藏起来，保证室内顶面的平整、干净、美观。吊顶可以遮盖楼板下部的空调通风设备、消防系统、照明线路等各种管线和设备，所以广泛用于管线设备较多的建筑装饰工程中（图4-2-2）。

2. 天花吊顶的装饰美化室内空间功能

增强了视觉感染力，使顶面处理富有个性，烘托了整个室内环境气氛（图4-2-3）。

二、天花吊顶技术种类

吊顶主要由吊杆（也称吊筋）、龙骨架和饰面板（也称罩面板）三部分组成。吊杆在吊顶中起到了承上启下的作用，将楼板和龙骨架连接在一起；龙骨架在吊顶中起到了承重和固定饰面板的作用；饰面板的主要作用是增加室内顶部的装饰效果。

在居家装饰中，按照吊顶骨架所用材料分类可分为木龙骨吊顶、轻钢龙骨吊顶和T形铝合金龙骨吊顶等。

1. 木龙骨吊顶

吊顶基层中的龙骨由木质材料制成，这是吊顶的一种传统做法。因木质材料具有可燃性，不适用于防火要求较高的建筑物。目前，由于建筑防火要求较高，木材非常缺乏，价格上升较快，因此，木龙骨吊顶已少有使用（图4-2-4）。

2. 轻钢龙骨吊顶

轻钢龙骨是以镀锌钢带、薄壁冷轧退火钢带为材料，经过冷弯或冲压而制成的吊顶骨架，在轻钢龙骨上覆以饰面板，则组成轻钢龙骨吊顶。轻钢龙骨吊顶具有自重轻、刚度大、防火性好、抗震性高、安装方便等优点（图4-2-5）。

3. T形铝合金龙骨吊顶

T形铝合金龙骨是用铝合金材料经挤压或冷弯而制成的，其断面为T形。这种龙骨具有自重很轻、刚度较大、防火性好、耐蚀性强、抗震性高、装饰性佳、加工方便、安装简单等优点。T形铝合金龙骨主要用于活动装配式吊顶的明龙骨，其外露部分比较美观。在家装中主要用于厨房与卫生间的集成吊顶，在办公空中主要用于硅钙板吊顶（图4-2-6、图4-2-7）。

图4-2-2 无天花吊顶的管线

图4-2-3 卧室天花装饰

图4-2-4 木龙骨

图4-2-5 轻钢龙骨吊顶

图4-2-6 T形铝合金龙骨吊顶图

图4-2-7 T形铝合金龙骨吊顶拆解示意

4. 罩面板（二维码4-2-1）

5. 其他

　　石膏线，包括角线，平线，弧线等。原料为石膏粉，通过和一定比例的水混合灌入模具中并加入纤维增加韧性，可带各种花纹，其主要安装在天花以及天花板与墙壁的夹角处（图4-2-8）。此外，还有不锈钢、金属装饰条等。

二维码4-2-1

图4-2-8　吊顶中的石膏线

三、常见天花大样图

（1）反映龙骨构架关系（图4-2-9）；

（2）体现墙与吊顶之间衔接关系（图4-2-10）；

（3）体现吊顶跌级之间的制作（图4-2-11）；

（4）体现吊顶灯带的制作（图4-2-12）；

（5）体现吊顶窗帘盒的制作（图4-2-13、图4-2-14）；

（6）体现吊顶与设备安装的关系（图4-2-15）。

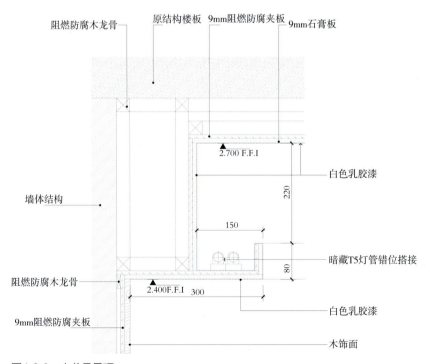

图4-2-9　木龙骨吊顶

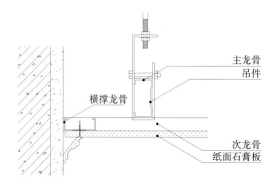

图4-2-10　墙顶结合节点图

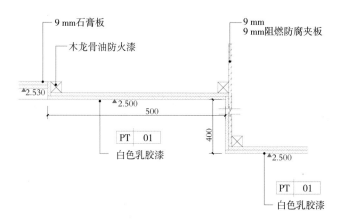

图4-2-11　跌级吊顶节点图

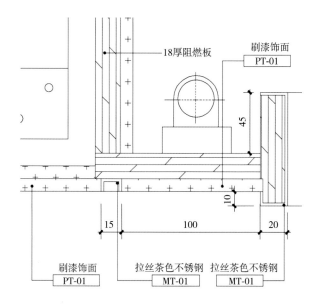

图4-2-12　吊顶灯带节点图

图4-2-13 窗帘盒截面效果图节点图

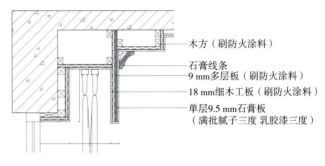

木方（刷防火涂料）

石膏线条
9 mm多层板（刷防火涂料）
18 mm细木工板（刷防火涂料）
单层9.5 mm石膏板
（满批腻子三度 乳胶漆三度）

图4-2-14 窗帘盒节点图

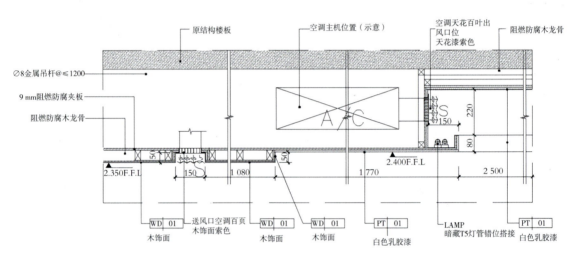

图4-2-15 中央空调与吊顶的节点图

思政要点：在天花大样图绘制时，与一丝不苟的工匠精神相结合进行讲授，可将施工过程中遇到的真实案例引入课堂，让学生学习室内设计师应具有的职业素养，培养学生精益求精的职业精神。

知识拓展

一、天花吊顶的设计方式

1. 平面式

平面式是使用最多的一种吊顶形式，表面没有任何造型和层次，这种顶面构造平整、简洁、利落大方，材料也比其他的吊顶形式节约，适用于各种居室的吊顶装饰，早期有木板顶、抹灰顶，现在多用现代化封材式顶棚，其外观表面平整，造型简洁，多作于楼层板下（图4-2-16）。

图4-2-16　平顶（未完工）

图4-2-17　叠级吊顶

图4-2-18　井格式吊顶

2. 叠级顶棚

　　表面有明显的凹凸变化，槽口处往往设置照明灯，以显出凹凸不平的变化，这种吊顶造型复杂富于变化、层次感强，适用于客厅、门厅、餐厅等顶面装饰（图 4-2-17）。

3. 井格式吊顶

　　是利用井字梁因形利导或为了顶面的造型所制作的假格梁的一种吊顶形式。配合灯具以及单层或多种装饰线条进行装饰，丰富天花的造型或对居室进行合理分区。这种是混凝土楼板中由主次梁或并式梁形成的网格顶，另一种是在梁架结构下再用木梁架构成的网格顶，形式上犹如中国传统建筑中的藻井（图 4-2-18）。

二、天花大样绘制注意要点（二维码 4-2-2）

二维码4-2-2

岗课赛证融合——实训分析

　　本任务实训是基于室内设计师岗位需求、全国技能大赛"建筑装饰技术应用"赛项模块一"施工图深化设计"和1+X室内设计职业技能等级证书中考查的方案设计内容而展开的。

　　案例分析：本任务参照提供的天花吊顶效果图及施工图，完成指定户型天花吊顶的施工图深化设计。包括反映墙顶关系、跌级关系、窗帘盒等。

（1）参照提供的图 4-2-19 完成图 4-2-20。

（2）参照提供的图 4-2-21 完成图 4-2-22。

（3）参照提供的图 4-2-23 完成图 4-2-24。

（4）参照提供的图 4-2-25 完成图 4-2-26。

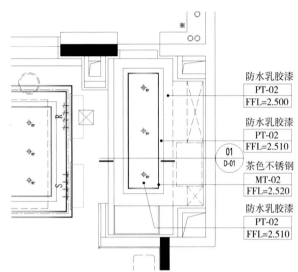

图4-2-19　天花吊顶布局图

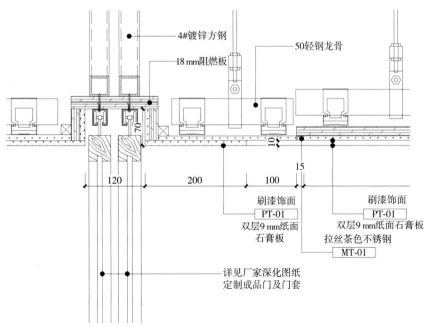

图4-2-20　天花吊顶大样图

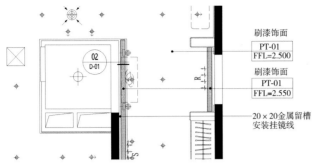

图4-2-21　天花吊顶布局图

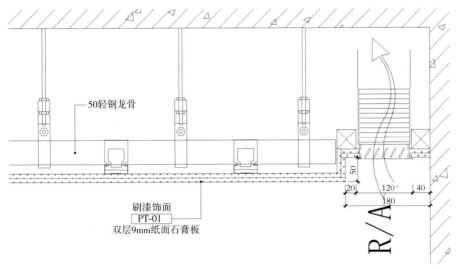

图4-2-22　天花吊顶大样图

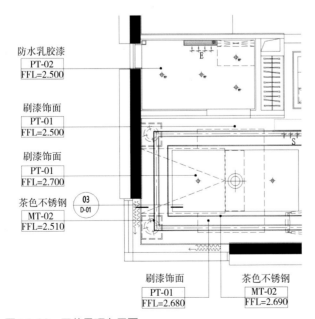

图4-2-23　天花吊顶布局图

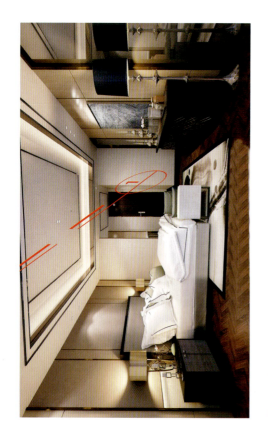

图4-2-25　效果图

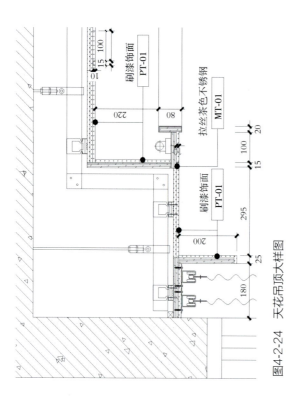

图4-2-24　天花吊顶大样图

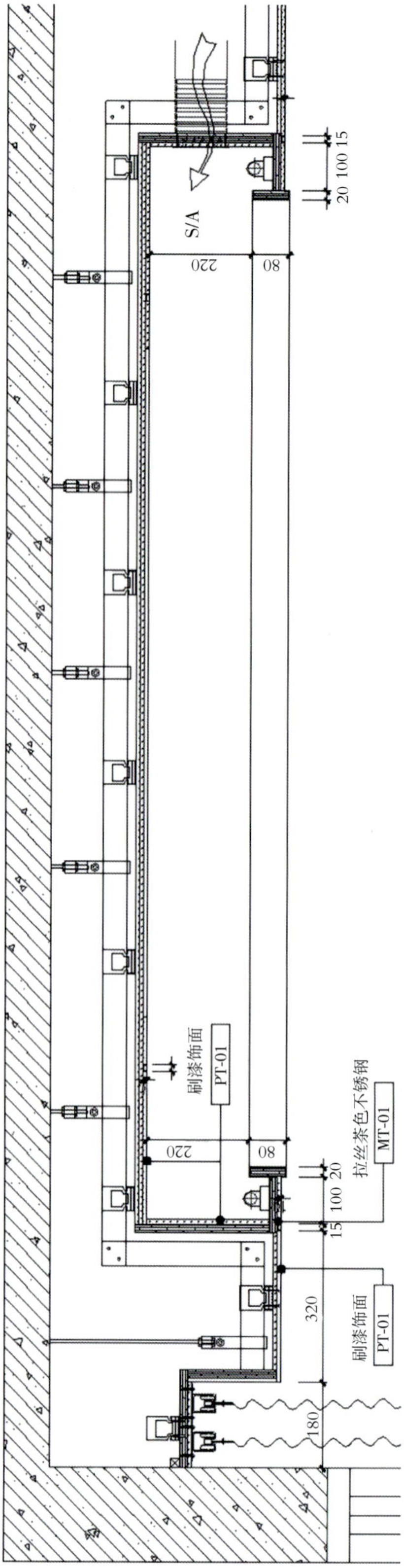

图4-2-26　天花吊顶大样图

实训演练

　　（1）根据下图提供的效果图（图4-2-27），结合天花吊顶的知识要点，以 CAD 软件完成此吊顶剖面绘制。要求制图符合实际施工工艺、准确体现材料与做法。

　　（2）根据下面提供的效果图（图4-2-28、图4-2-29），结合天花吊顶的知识要点，完成天花吊顶区域剖切节点大样图绘制。要求制图符合实际施工工艺、准确体现材料与做法。

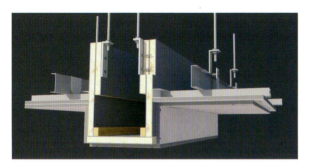

图4-2-27　天花吊顶截面效果图

图4-2-28　客厅效果图

图4-2-29　卧室效果图

任务三　门套与窗套详图绘制

任务描述

结合窗套与门窗套的设计与施工要点，运用 CAD 软件完成常见类型的门套与窗套绘制。本任务是基于全国技能大赛"建筑装饰技术应用"赛项中模块一"施工图深化设计"、1+X 室内设计职业技能等级证书中考查的方案设计而展开的。

知识目标

了解门窗套的作用；

了解常见门窗套的分类；

掌握门窗套的常见做法及尺寸；

掌握门窗套大样绘制要点。

能力目标

能运用 CAD 软件根据 CAD 立面图进行门窗套大样图纸绘制；

能运用 CAD 软件根据门窗效果图进行门窗套大样图纸绘制；

能在门窗套大样绘制中准确说明材质；

能在门窗套大样绘制中正确体现常见做法尺寸。

知识要点

门窗套是指在门窗洞口的两个立边垂直面，可突出外墙形成边框，也可与外墙平齐，既要立边垂直平整，又要满足与墙面平整。这好比在门窗外罩上一个正规的套子，人们习惯称为门窗套（图 4-3-1、图 4-3-2）。

图4-3-1　窗套

图4-3-2　门套

一、门窗套的作用

（1）门窗套最大的作用就是保护门、窗的墙角和墙面，避免门、窗里外侧的墙壁在受到碰撞后产生破坏和剥落现象，形成了门、窗的保护层。

（2）安装了门窗套会方便对门、窗四周的卫生清理，即使门、窗里外侧沾上了污渍，在有门、窗套的情况下，只要擦拭干净即可。

（3）可以起到装饰的作用，门窗套是家庭装修的内容之一。它的造型、材质、色彩对整个家庭装修的风格有着非常重要的影响。一个简单大方的窗套，会让整个室内装修显得更时尚美观；一个丰富线条的门窗套，会带给人华丽的感觉。

（4）门窗套用来保护门框及窗框免受刮伤、腐蚀、破损、脏污等。门窗套包括筒子板和贴脸，与墙连接在一起。如图所示，门窗套包括 A 面和 B 面；筒子板指 A 面，贴脸指 B 面。

二、门窗套的分类

居室上常见的门窗套材质有三种：木材、石材和金属材质。

1. 木质门窗套

使用木材材质做窗套是中式装修最传统的做法，也是目前窗套材料中使用最广泛的。木质窗套又分为实木套和复合套（图 4-3-3）。

实木套分为原色、错色和混色，目前，比较常用的实木材料有樟子松、红松、曲柳、楸木。另有部分名贵材料，如榉木、楠木、花梨、紫檀等。

复合套则常用成品的底衬板和饰面板。市面上比较常见的细木工板、密度板、刨花板、三聚氰氨板就属于底衬板。免漆板和油漆饰面板则属于饰面板。

2. 石材门窗套

石材门窗套是近几年比较流行的做法，比较常见的是大理石窗套。现在很多欧式装修建筑，都会采用此材质。

使用石材作为窗套不怕阳光晒，也不怕雨水浸湿，风吹雨打都不怕。而且石材的耐磨性也非常好，不会因为时间长了、掉色出现损坏的情况。装起来美观不亚于木套，档次也提高了（图 4-3-4、图 4-3-5）。

3. 金属门窗套

伴随着工业化时代的到来，钢门窗、铝窗、塑窗、断桥铝窗等陆续主导了门窗市场，门窗套也就延生了这些钢材制作的窗套类型。

钢制门窗套虽然外观比较单一，但不怕风吹日晒，而且可以和同材质的门窗一起搭配使用，整体感比较强（图 4-3-6、图 4-3-7）。

图4-3-3　木门套

图4-3-4　石窗套

图4-3-5　石门套

图4-3-6　不锈钢门套

图4-3-7　电梯不锈钢门套

三、常见门窗套大样图

（1）传统门套的做法（图4-3-8）。

（2）木夹板门门套的做法（图4-3-9）。

（3）不锈钢门套的做法（图4-3-10）。

（4）石材门套的做法（图4-3-11）。

（5）窗套横剖节点大样图（图4-3-12）。

（6）窗套纵剖上口节点图（图4-3-13）。

（7）窗套纵剖下口节点图（图4-3-14）。

（8）铝合金窗与石材窗套接口节点图（图4-3-15）。

（9）窗套线条大样图（图4-3-16）。

（10）窗套与轻钢龙骨结合大样图（图4-3-17）。

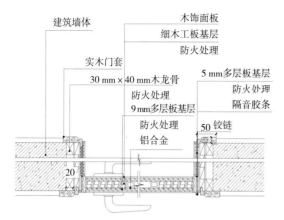

图4-3-8 门套做法

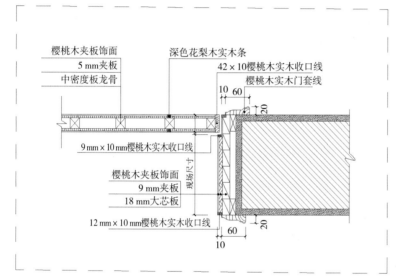

图4-3-9 木夹板门套做法（门套做法）

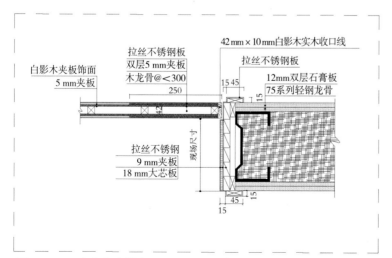

图4-3-10 不锈钢门套做法

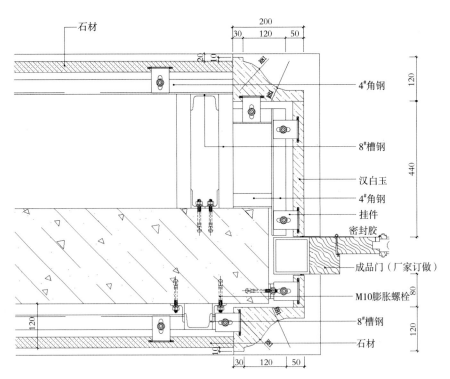

石材

200
30 120 50

4#角钢

8#槽钢

汉白玉
4#角钢
挂件
密封胶

成品门（厂家订做）

M10膨胀螺栓

8#槽钢

石材

120

440

80

120

30 120 50

图4-3-11　石材门套的做法

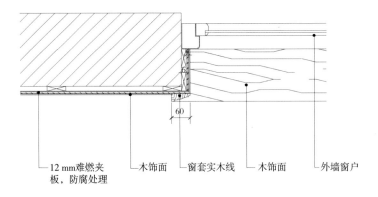

60

12 mm难燃夹
板，防腐处理

木饰面

窗套实木线

木饰面

外墙窗户

图4-3-12　窗套横剖节点大样图

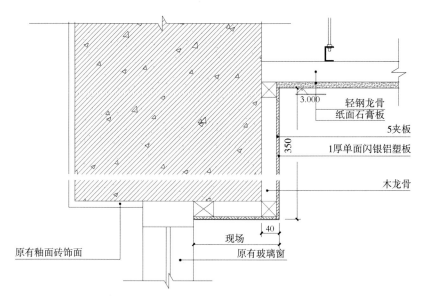

图4-3-13　窗套纵剖上口节点图

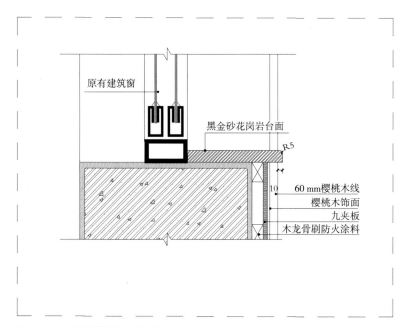

图4-3-14　窗套纵剖下口节点图

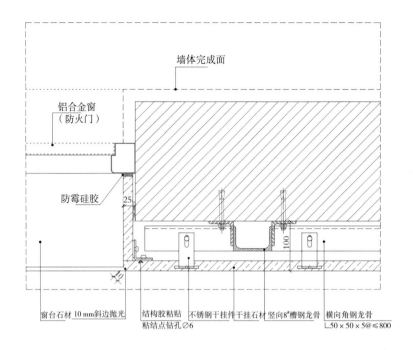

图4-3-15　铝合金窗与石材窗套接口节点图

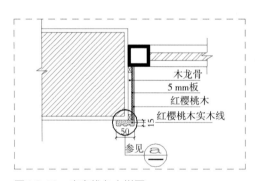

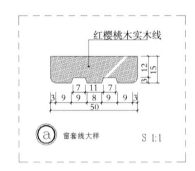

图4-3-16　窗套线条大样图

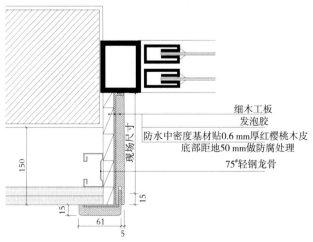

图4-3-17　窗套与轻钢龙骨墙面结合大样图

思政要点：门窗大样图的绘制，需要注意前期现场准确的测量，不论客户是购买成品，还是现场制作，都应该按专业标准绘制大样图，且按验收标准指导现场制作和安装，培训学生的职业素养。

知识拓展

门窗套的安装注意事项（二维码4-3-1）

现场制作的门窗套，是由现场装饰工人直接用钉子固定于门洞、窗洞上，而成套门产品的门窗套安装，则要考虑两个问题：一是相应的成套门产品，其门窗套的技术结构是否符合作为成套门产品所须具备的牢固性、精准性以及稳定性这三大技术特征。

二维码4-3-1

岗课赛证融合——实训分析

本任务实训是基于室内设计师岗位需求、全国技能大赛"建筑装饰技术应用"赛项模块一"施工图深化设计"和1+X室内设计职业技能等级证书（中级）中考查的方案设计内容而展开的。

案例分析：本任务参照提供的效果图完成指定户型门窗套线的施工图深化设计。

（1）参照提供的效果图（图4-3-18），运用CAD软件完成图4-3-19的绘制。

（2）参照提供的效果图（图4-3-20），运用CAD软件完成图4-3-21的绘制。

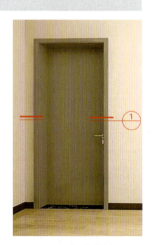

图4-3-18 门套线效果图

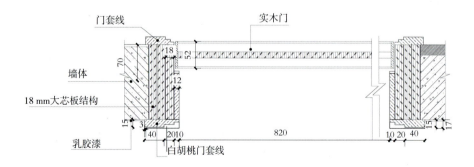

图4-3-19 大样图

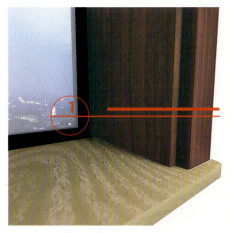

图4-3-20　窗套线效果图

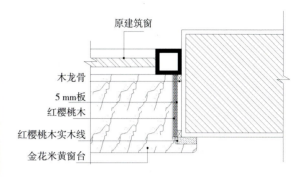

原建筑窗

木龙骨
5 mm板
红樱桃木
红樱桃木实木线
金花米黄窗台

图4-3-21　窗套大样图

实训演练

根据下图提供效果图，结合门窗套的知识要点，完成门窗套的大样图。具体要求如下：

（1）对应此效果图（图 4-3-22），画出门套大样图。

（2）根据效果图（图 4-3-23），画出窗套大样图。

（3）根据效果图（图 4-3-24），画出门套大样图。

图4-3-22　效果图

图4-3-23　窗套效果图

图4-3-24　门套效果图

任务四　踢脚线与过门石详图绘制

任务描述

　　结合踢脚线与过门石设计与施工要点，运用 CAD 软件完成常见踢脚线与过门石的绘制。本任务是基于全国技能大赛"建筑装饰技术应用"赛项中模块一"施工图深化设计"、1+X 室内设计职业技能等级证书（中级）中考查的方案设计而展开的。

知识目标

　　了解踢脚线与过门石的作用；

　　掌握常见踢脚线与过门石的分类；

　　掌握踢脚线与过门石的常见做法及尺寸；

　　掌握踢脚线与过门石大样的绘制要点。

能力目标

　　能运用 CAD 软件根据 CAD 平面图进行踢脚线与过门石大样图纸绘制；

　　能运用 CAD 软件根据效果图进行踢脚线与过门石大样图纸绘制；

　　能在踢脚线与过门石大样绘制中准确说明材质；

　　能在踢脚线与过门石大样绘制中正确体现常见的做法尺寸。

知识要点

　　踢脚线是地面的轮廓线，它位于墙面和地板的连接位置，就是在脚可以踢到的部位，因此被称为踢脚线。一般来说，无论从实用性还是美观上考虑，踢脚线都是家装过程中不容忽视的环节。踢脚线的作用请学习二维码 4-4-1。

二维码4-4-1

一、踢脚线的分类（二维码 4-4-2）

　　踢脚线按施工做法可分为明踢脚线（图 4-4-1），这是最常见的做法；另一种做法为暗踢脚线（即踢脚线与墙面饰面持平），如图 4-4-2 所示。暗踢脚线安装需要在装修开始的时候预留踢脚线的凹槽，因此，要提前和装修师傅沟通。暗踢脚线也可以是嵌入式，踢脚线的完成面与护墙板持平。按踢脚线制作材料，又可分为木制踢脚线、瓷质踢脚线、石材踢脚线、金属踢脚线等。

二维码4-4-2

二、常见踢脚线的分类大样图

踢脚线的大样图，主要以剖面形式，反映踢脚线的造型和安装方法。目前，居室中常见的踢脚线大样图如下图所示（图4-4-3—图4-4-9）。

图4-4-1　明踢脚线　　　　　　图4-4-2　暗踢脚线

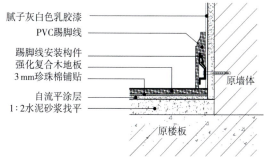

图4-4-3　强化复合木地板踢脚线通用大样

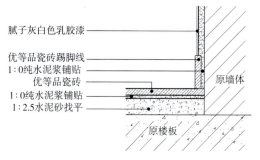

图4-4-4　嵌入式踢脚线通用大样

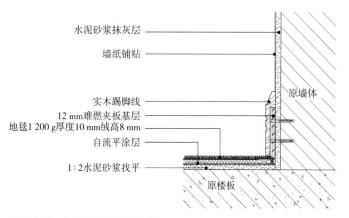

图4-4-5　实木踢脚线通用大样

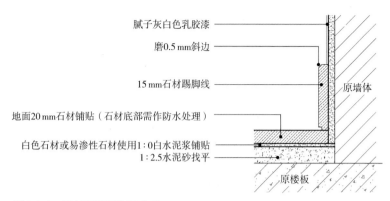

膩子灰白色乳胶漆
磨0.5 mm斜边
15 mm石材踢脚线
地面20 mm石材铺贴（石材底部需作防水处理）
白色石材或易渗性石材使用1:0白水泥浆铺贴
1:2.5水泥砂找平
原墙体
原楼板

图4-4-6 石材踢脚线通用大样

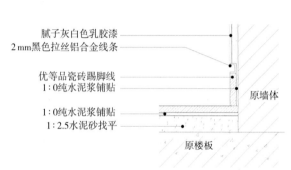

膩子灰白色乳胶漆
2 mm黑色拉丝铝合金线条
优等品瓷砖踢脚线
1:0纯水泥浆铺贴
1:0纯水泥浆铺贴
1:2.5水泥砂找平
原墙体
原楼板

图4-4-7 瓷砖踢脚线通用大样

水泥砂浆抹灰层
墙纸铺贴
网络线走线位
铝合金踢脚线
卡口胶条
方块地毯水性胶粘贴
自流平涂层
1:2水泥砂浆找平
原墙体
原楼板

图4-4-8 铝合金踢脚线通用大样

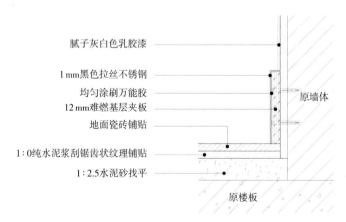

膩子灰白色乳胶漆
1 mm黑色拉丝不锈钢
均匀涂刷万能胶
12 mm难燃基层夹板
地面瓷砖铺贴
1:0纯水泥浆刮锯齿状纹理铺贴
1:2.5水泥砂找平
原墙体
原楼板

图4-4-9 不锈钢踢脚线大样

三、过门石

二维码4-4-3

1.过门石的作用（二维码4-4-3）

2.过门石的尺寸

　　卫生间、厨房过门石尺寸先量一下门口的实长，不用留尺，因为做框的时候要压端部，过门石的宽度要按照大头计算，客厅、卧室门槛石尺寸，客厅、卧室门槛石的长度和门洞的实际宽度一样，厚度≥14 mm。小于这个厚度，安装过程中及使用中容易断裂。石材6面都要刷防护剂，建议门槛石比卫生间地面略高5~10 mm。略有阻挡水流高度即可，一是美观，二是脚下尽量少磕绊，三是卫生间门口是找坡最高点，水应该很少。

　　而低的那一侧，门槛石高于地面也不宜超过20 mm，同上述道理差不多，一是美观，二是脚下尽量少磕绊，三是标准石材厚度通常在18~20 mm（图4-4-10）。

3.常见过门石的大样图（图4-4-11、图4-4-12、图4-4-13、图4-4-14、图4-4-15、图4-4-16）。

图4-4-10　卫生间过门石

图4-4-11　木地板与石材交界断面

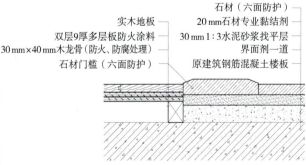

图4-4-12　木地板与石材交界断面大样图

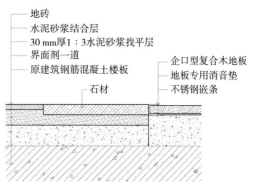

图4-4-13　复合木地板与石材交界断面　　　　图4-4-14　复合木地板与石材交界断面大样图

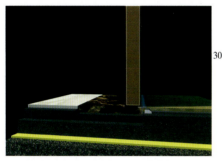

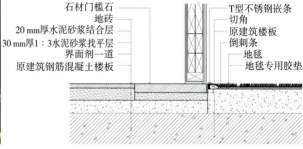

图4-4-15　地毯与地砖交界断面　　　　图4-4-16　地毯与地砖交界断面大样图

思政要点：将"以人为本"的思想与本知识相融合，并从安全、生态、健康的角度进行思考。

知识拓展

一、踢脚线色彩搭配方法

（1）同墙面色彩明踢脚线与墙面色彩相同，提高墙面的视觉高度，比如，楼层不高，明踢脚线与墙面同颜色，高度延伸的感觉，并且墙面色彩纯色设计。

（2）同地面色彩明踢脚线与地面色彩相同，地面与明踢脚线融于一体，给人感觉地面更广，显得空间更大，比较适合小空间的设计方式。

（3）明踢脚线浅于地面色明踢脚线与地面色系相同，但又浅于地面的颜色，使得墙面与地面更有立体感，层次分明，这也是一种比较常见的设计方法。

（4）百搭颜色。如果不知道哪种明踢脚线色彩适合，也可以选择一种百搭的颜色，比如，白色的明踢脚线，无论是哪种瓷砖，哪种木质地板或者任何一种装修风格，都能巧妙地融入设计中，不会影响整体的装饰效果，给人更清爽、舒适的感觉，也能避免色彩搭配有冲突。与门、地板同色，这样的色彩搭配永远不会错，同时，也十分耐看。

二、过门石色彩搭配方法

（1）首先，就是门槛石是为了起到颜色上的过渡，所以要比室内整体瓷砖颜色深，且颜色要和室内整体颜色协调。这样才能显得格调高一些。

（2）颜色与地板砖颜色区分。门槛石是两个空间的过渡，颜色要比地板砖深一些，但不能太深。如咖啡色系的。一般不要比地板砖颜色浅。

岗课赛证融合——实训分析

本任务实训是基于室内设计师岗位需求、全国技能大赛"建筑装饰技术应用"赛项模块一"施工图深化设计"和1+X室内设计职业技能等级证书（中级）中考查的方案设计内容而展开的。

案例分析：

（1）参照效果图 4-4-17 完成施工图 4-4-18 的深化设计。

（2）根据对平面图 4-4-19 的理解完成施工图 4-4-20 的深化设计。

（3）根据对平面图 4-4-21 的理解完成施工图 4-4-22 的深化设计。

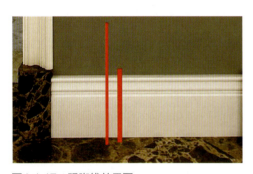

图4-4-17　踢脚线效果图

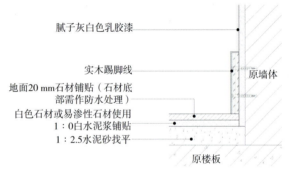

图 4-4-18　大样图

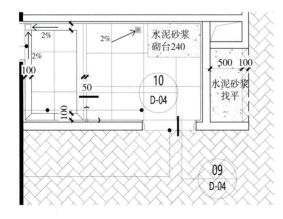

图4-4-19　平面图

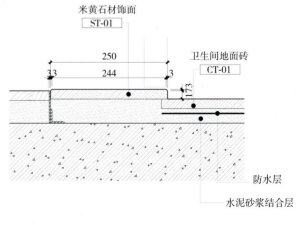

图4-4-20　施工大样图

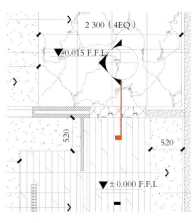

图4-4-21　平面图

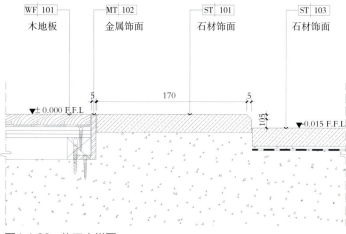

图4-4-22　施工大样图

实训演练

（1）根据图 4-4-23 提供的效果图，结合踢脚线的知识要点，完成此踢脚线的大样图。

（2）根据提供的效果图（图 4-4-24），结合过门石的知识要点，完成此过门石的大样图。

（3）根据提供的平面图（图 4-4-25），结合过门石的知识要点，完成此过门石的大样图。

图4-4-23　效果图

图4-4-24　效果图

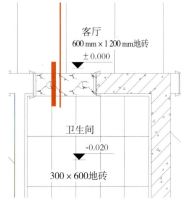

图4-4-25　平面图

综合实训演练

根据指导教师提供的某住宅建筑平面户型图，结合模块三综合实训演练的方案设计内容，完成指定区域施工大样图绘制。具体要求如下：

（1）运用 CAD 软件，完成重要立面图的详图绘制（电视背景墙立面、主卧床头背景墙立面）；

（2）运用 CAD 软件，完成客厅、卧室区域天花吊顶详图绘制；

（3）运用 CAD 软件，完成门窗详图绘制；

（4）运用 CAD 软件，完成踢脚线及过门石详图绘制。